U0023376

達人親授，絕不NG款帆布包

托特包、後背包、手拿包
各種人氣款包袋&雜貨&帽子

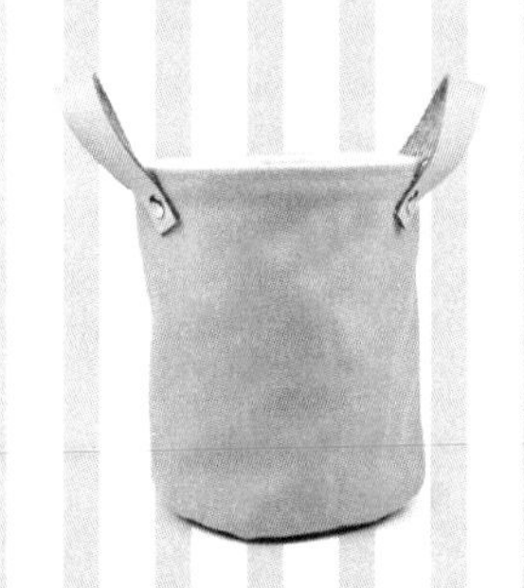

著 ——— 手作書暢銷作者 楊孟欣

朱雀文化

序
Author Preface

美好生活，從手作開始！

現代人生活很匆忙，所有事物皆求快速、速成，飲食如此、衣著如此，逐漸失去在慢中才能獲得的細微感悟。

最近，日本有一套特別的鉛筆刀「Shin」，刻意以磨筆石的概念，讓使用者在手動削筆的過程中，慢慢地、細細地從中放鬆心情、提升專注力，而且可依需求控制筆尖的粗細。我認為這個過程就像平日我在製作手作物件一樣，不是使用機械量產，而是藉由手工製作，在「慢慢地」進行一件包袋、服飾完成的過程中，給自己一個對於生活的緩衝與思考。在「手工製作」的過程中，體悟生活中那些容易忽略的美好。

或許，當你翻閱這本書，依著書中步驟，一步步開啟了手作生活，便能體會我所謂藉由「手工製作」的緩慢步調，讓心靈得以沉澱的感悟，又或者你早已是手作一族，和我一樣享受這種生活。我希望本書中的資訊能改變或影響你對生活原有的思維。休息，不一定只限於出遊，或什麼都不做，有時候，泡一杯茶或沖一杯咖啡、看一本書、做一件手作品，也是一種休息。依照自己的喜好配色、搭配裝飾配件而成的包袋或其他生活用品，絕對是獨一無二且最能展現自我的創作。

美好的生活，從自己動手製作開始，分配一些時間沈浸在手工藝時光中，安心享受手作帶給生活的美好，也是很幸福的事！

楊孟欣

07.05.2017.

日本設計品牌 SHU SHU 和 Kakuri Works 合作開發的鉛筆刀，以磨筆石的概念，讓使用者在削筆過程中放鬆心情、提升專注力。

讓自己試著在「手工製作」的過程中，去體悟生活中那些容易忽略的美好。

目錄
Contents

Before 不可不知的材料工具和基本技法

Part1 新手入門包

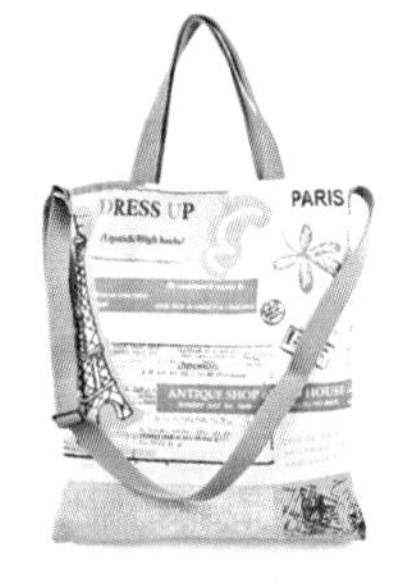

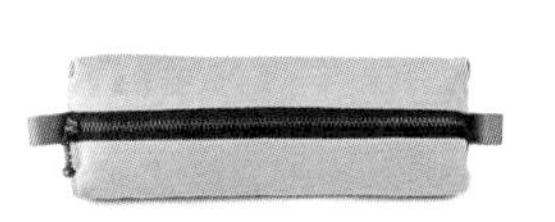

50 兩用袋

50 托特包

51 大口袋背包

Part2 挑戰進階包

54 大弧底肩背包

55 泡芙包

56 弧底托特包

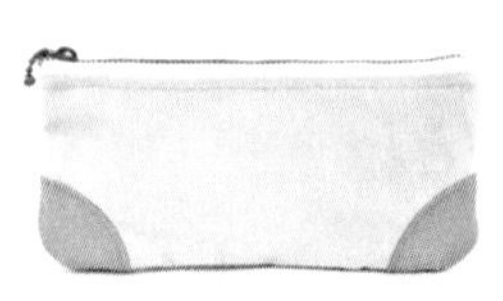
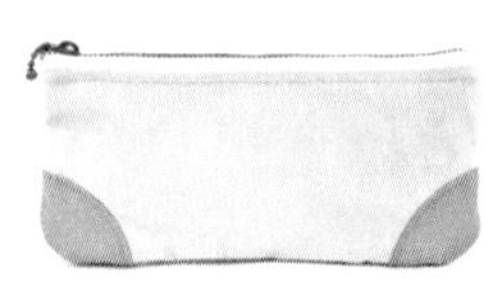

57 筆袋

58 午餐袋

59 馬鞍包

60 手提水壺袋

61 酒袋包

62 萬用托特包

63 梯形書包

64 小方包

Part3 生活雜貨

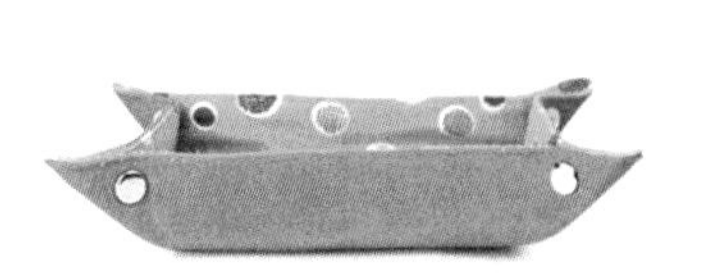

Part4 做法與步驟圖解

製作前，先看這！
Before You Make Bags

書中這麼多帆布包袋和雜貨，是不是很想即刻挑戰呢？先別急，開始製作前，不管你是入門新手或有程度的進階者，建議先閱讀以下幾點說明再開始操作，相信會更容易上手喔！

說明 1　仔細閱讀 P.8 ～ P.35

這個部分除了包含完成書中作品所需的工具和材料介紹之外，還列出了一些縫紉上的技巧和訣竅，讓新手更快進入狀況，運用在製作本書和生活中的縫紉作品。購買材料和工具時，建議新手帶著書去選購，以免買錯無法使用且傷了荷包！

說明 2　三種目錄更多選擇

除了 p.6 ～ p.7 目錄中以「新手入門包」、「挑戰進階包」和「生活雜貨」的基本分類外，再分別於 p.36、p.52 和 p.66，以作品的「完成時間」和「裁片數量」做詳細區分，給讀者另類的選擇，讀者可依自己喜好和需求選擇製作。

說明 3　詳細標示做法和紙型對應頁面

在作品的成品頁面（p.36 ～ p.75），清楚標上「紙型號碼」和「做法與步驟圖解」頁面，讓讀者不費吹灰之力，立刻閱讀說明和印出紙型製作。

說明 4　關於 D V D 光碟檔案

如何使用光碟中的原寸紙型？

光碟中，有兩個資料夾的選項，分別為「jpg」和「pdf」，代表紙型同時存成 .jpg 及 .pdf 兩種檔案格式，可依電腦內建軟體，選擇可以開啟的檔案格式。不論是開啟哪個資料夾，一樣都會看到名為 no.01 ～ no.35 名稱排序的資料夾，分別為 35 件作品的紙型檔名。此外書中「做法與步驟圖解」單元，每個作品頁面，都會標註作品的紙型檔名，只要按照書上的編號， 到光碟中的資料夾「jpg」或「pdf」，就可以找到相對應的紙型囉！

A3 紙張直接原寸印出使用！

光碟內所附的紙型檔案，依據書中紙型大小需求，全部的紙張大小都設定為 A3 尺寸。依照以下步驟，即可印出紙型，開始動手做包袋。

▶ 步驟一 ◀ 複製檔案

將所需的紙型資料夾（包含內容檔案）複製到隨身儲存設備，例如 USB 隨身碟（若家中有可以印出 A3 大小的輸出設備，即可省略此動作）。

▶ 步驟二 ◀ 印出檔案

1. 沒有輸出設備者

需將檔案帶到影印店或是便利商店輸出，告訴店員所要印出的檔案紙張尺寸為 A3，且留意縮放設定，確保一定是原尺寸印出，便利商店支援右圖中 7 種媒體儲存裝置。

2. 家中有 A3 大小的輸出設備者

無論選擇哪種檔案格式，在按下確定列印前，特別留意縮放比例的設定必須為「**100% 正常大小**」的選項，方可印出紙型使用。

7 種媒體儲存裝置

- ✓ USB
- ✓ MEM, STICK
- ✓ SMART MEDIA
- ✓ SD/MMC
- ✓ mini SD
- ✓ XD
- ✓ COMPACT FLASH

▶ 步驟三 ◀ 輸出尺寸檢測

每份紙型中，會配有一個「**輸出尺寸檢測**」圖示，固定為 5 公分方格，供你在印出紙型後，用尺丈量、檢視，倘若不是 5 公分正方形，代表紙型不是原寸印出唷！

輸出尺寸檢測

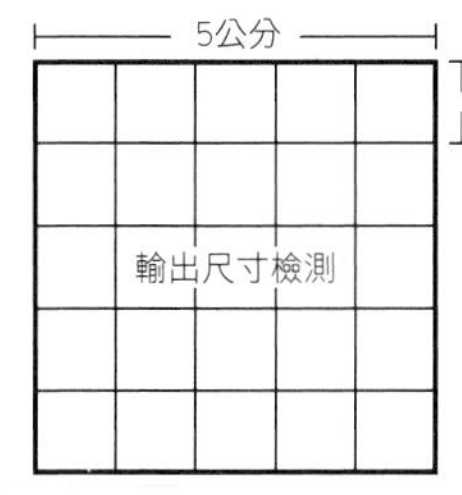

每份紙型都會有「輸出尺寸檢測」方格圖，若印出後的方格不足或超過 5 公分，代表紙型不是原寸輸出。

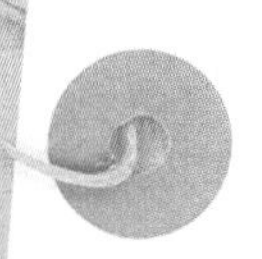

- ●本書所有紙型皆為 100%大小，使用時要留意紙型標記的所有記號點。
- ●●本書所有紙型皆已包含縫份 0.8 公分，可以印出後直接使用。
- ●●●光碟目錄索引可參照 p.145。

Before
不可不知的
材料工具和基本技法

Tools, Supplies,
Basic Skills You Must Know

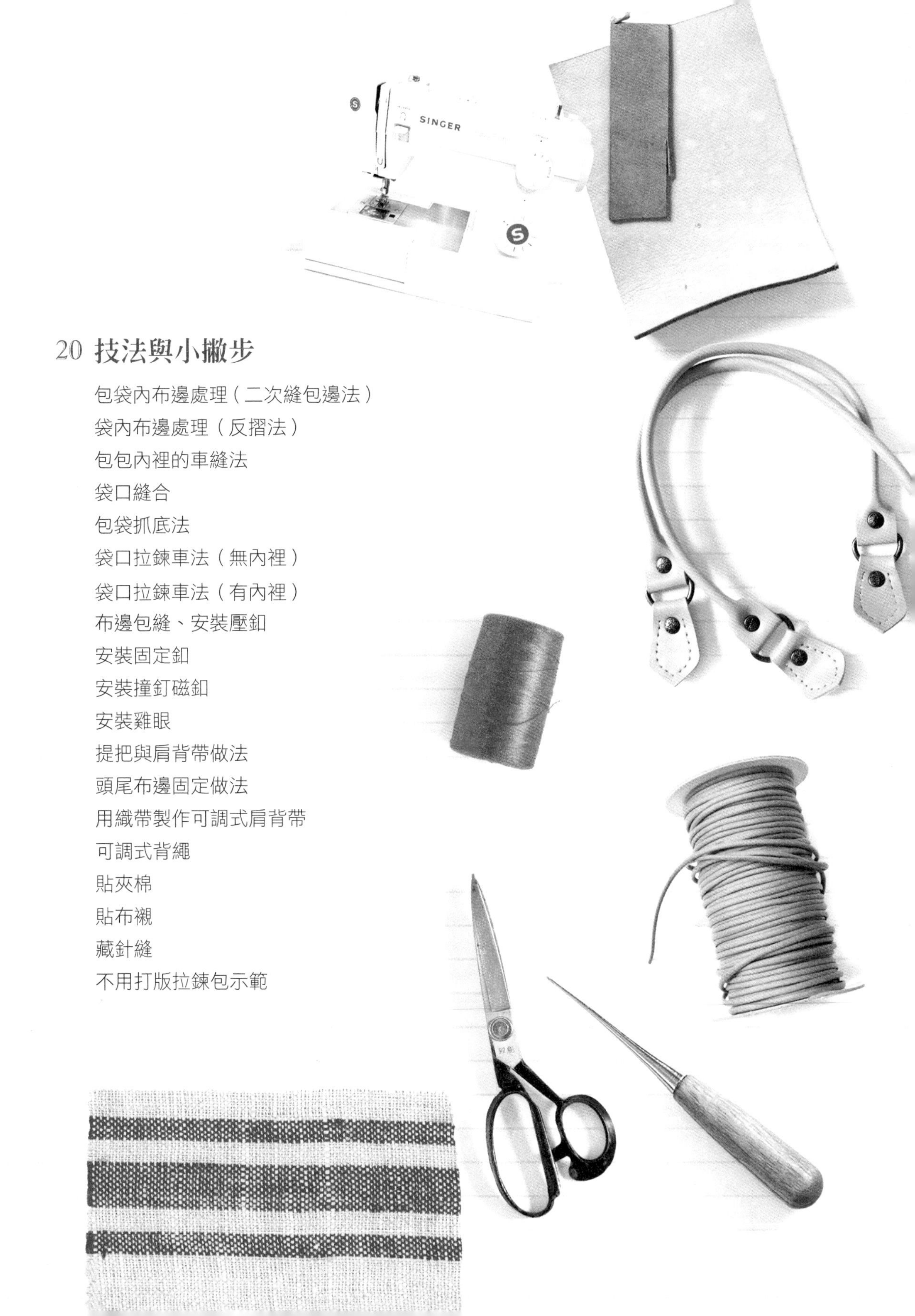
SINGER

裁縫基本工具

About Basic Sewing Tools And Supplies

琳瑯滿目台製、進口的產品，讓人眼花撩亂。新手的你，不一定每種裁縫工具都要買，建議先從基本工具開始入手。如果沒有計畫地盲目購買，不僅用不到，想必荷包大傷。以下我要介紹的工具，都是本書會用到的，大多是實用基本的裁縫工具。如果怕買錯或不合用，可以帶著書到裁縫工具、材料店，按圖片尋找，或者直接詢問店員即可。

❶ 縫紉機：基本款的縫紉機，確定可以車縫直線、縫合厚帆布即可。

❷ 車縫針：針有很多尺寸，本書的所有作品皆須使用牛仔布、厚帆布專用的粗針，編號為 14、16 號。每個品牌的針編號略有不同，只要跟店員說明需求，大致上不會買錯。

❸ 手縫針：和車縫針一樣有分粗細、長短，你必須依布料與需求選用粗細不同的針。如果沒有特定習慣或偏好，建議購買一般布料都通用的 3 號針。

❹ 車縫線：縫紉機專用的線，一般多為 12、20 番（號）的線。

❺ 手縫線：比車縫線粗一點，方便手縫時不易打結，並且更加堅固。

❻ 布用剪刀：選擇一把鋒利的剪刀，有利於剪裁布料。通常剪裁得是否平整，會直接影響成品的外觀，最好分別準備裁剪布料和紙張的專用剪刀。

❼ 線剪：剪線用的剪刀，最好不要和其他剪刀混用。

❽ 方格尺：有方格紋的透明尺，有利於繪製紙型。

❾ 錐子：操作縫紉機時，左手輕按布料，右手可持錐子輔助送布。此外，也有助於縫製厚布時，控制布的前進，或者挑布角、拆除縫線時也能派上用場。

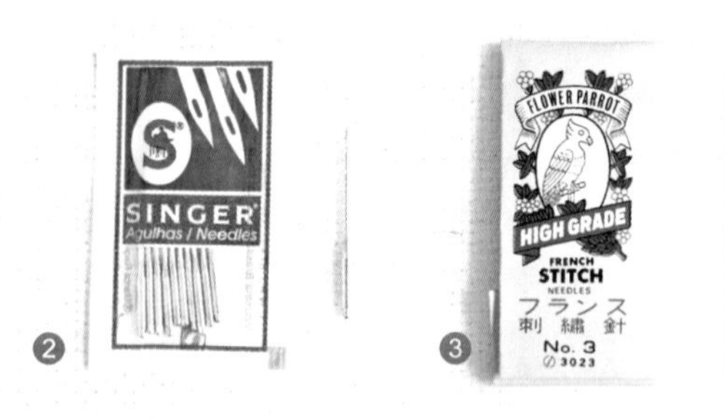

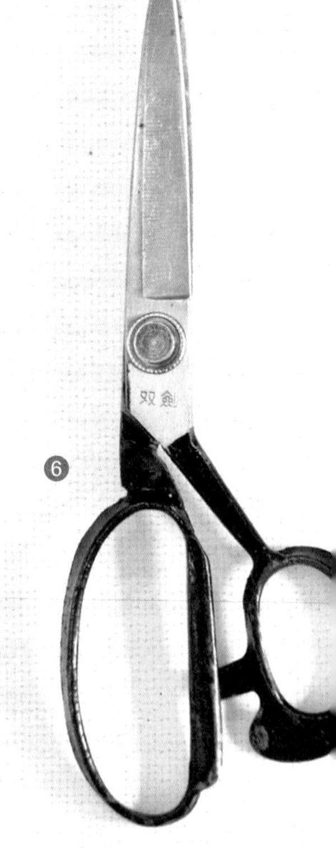

❿ **拆線器**：拆線器前端U形的尖端，可以挑起縫線，並割斷縫線。

⓫ **燙板**：搭配熨斗一起使用，用來隔離熨斗與桌面的板子。

⓬ **熨斗**：製作包袋時很重要的一個輔助工具，除了布料的皺褶、成品整燙外，熨貼夾棉、布襯時，更是少不了它。

⓭ **消失筆**：方便在淺色布面上做記號，暴露在空氣中4～5小時後，痕跡會自動消失。

⓮ **粉圖筆**：適合繪在深色布面上做記號點，只要輕拍或使用濕布輕擦即可消去筆跡。

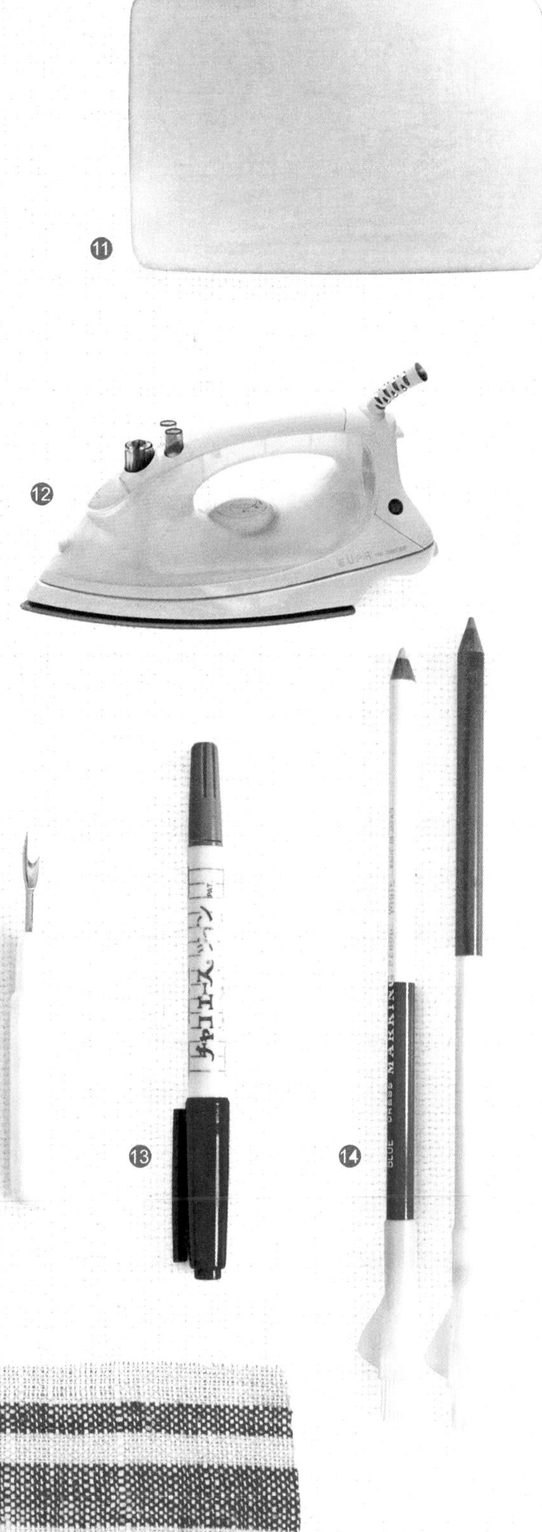

認識布料
About Fabrics

本書中的作品雖然大部分是以帆布或牛仔布為主體，但對於其他布料，新手們還是要有基本認識，將有助於挑選布料時，迅速選到適合的布料。以下介紹幾個常見的布料、材質，提供大家選購布時參考。記得購買前，先確認想做的包袋適合的布料硬度、厚薄，才不會一走進布行，看到滿屋的布料而無從下手。

棉麻布料：包含天然纖維，例如：胚布、先染布、印花棉布、丹寧布等等，特色是布紋質感天然、極富手感，也是最普遍、通用的布料。在本書中，你可以使用棉麻布料當作包袋的內裡或者搭配。倘若使用的棉麻布料是偏薄、軟的質感，要用來製作包袋，記得在布料反面增加襯或者夾棉，可以讓柔軟又薄的棉麻布料變得比較挺。

萊卡布：是一種彈性纖維織成的布料。手感好，富彈性，比較適合製作貼身上衣或長褲。本書中作品盡量避免使用萊卡布，尤其是大包袋。具有彈性的萊卡布承重後容易變形，造成包袋外型改變，並非理想的包袋用布。

TC 布：是特多龍（Totoron）和純棉（Cotton）混紡的布料，不像天然纖維般易皺，又具有特多龍的耐用，但耐熱度沒有天然纖維佳。只要仔細挑選，同樣能找到適合做包袋的款式。若用來做包袋，和棉麻布料一樣必須在背面熨貼襯或夾棉，以增加布料的硬挺。

T 恤布：是最常使用、看到的針織布，透氣性較佳，具彈性，較不會有毛邊，較少用來製作包袋。但近年來有些款式新穎的包款，就是利用 T 恤布製作。所以，如果你想嘗試這類軟、有彈性的布料，建議在布料反面熨貼布襯或夾棉，以增加布料的厚度與挺度。

不織布：人造纖維的一種，製程結合了塑膠、化工、造紙和紡織等技術與原理。由於並非經由平織或針織等傳統編織方式製成，所以稱作「不織布」。不織布本身有厚度，製作包袋時，不用在反面貼布襯或夾棉。

皮革：書中作品用的皮革，多以牛皮為主。材料店中販售的牛皮會因製程不同，而有軟皮和厚、硬皮之分。羊皮是較常見的軟皮，但若想要較挺的質感，可選擇較厚的硬皮。皮革可以用來點綴或者當包袋主體，若要和布料一起經過縫紉機縫合，建議使用薄皮，有助於家用縫紉機車縫，當然以工業用縫紉機操作則不在此限。這裡要注意操作時，因皮革不像布料有交錯的編織纖維，因此要更特別謹慎。

認識輔料

About other Sewing Tools And Supplies

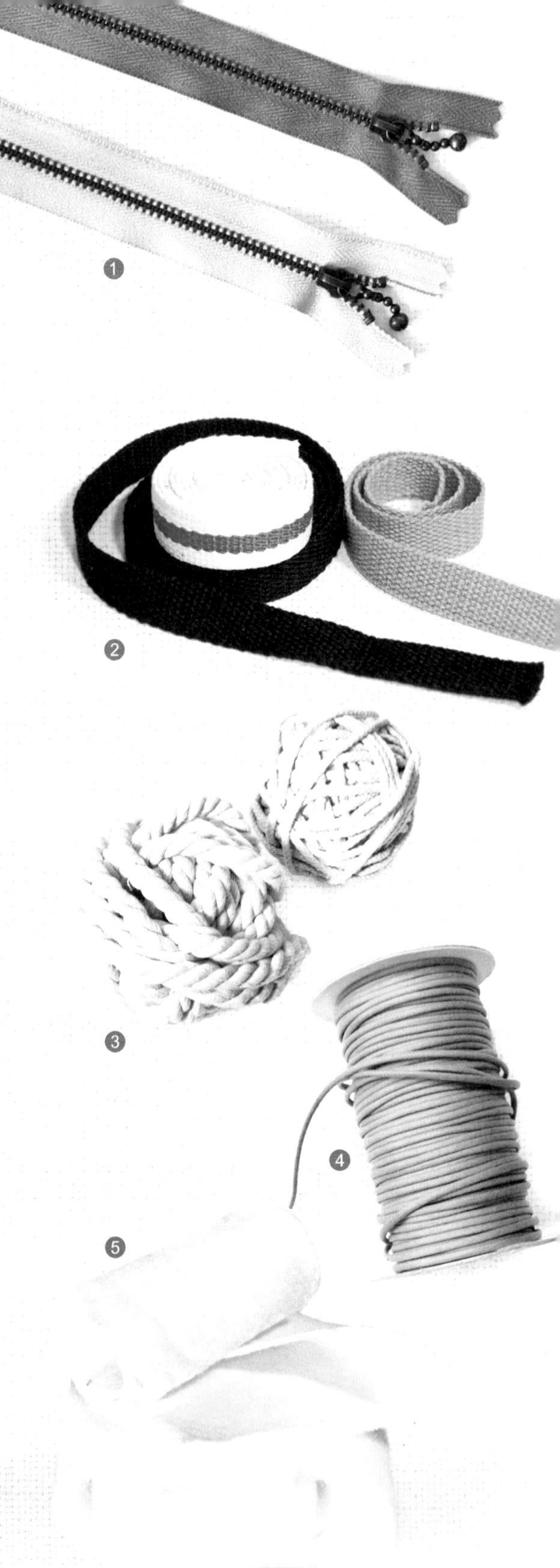

這些輔料都是製作包袋的重要配角，有助於製作過程中更順利，並且包袋完成後品項更完整、美觀。建議新手們製作前先了解這些輔料的功能和特色，妥善搭配運用，絕對能讓你的包袋更漂亮、堅固！

❶ **拉鍊**：拉鍊依尺寸、顏色、材質而有很多樣式，會影響作品呈現的感覺。本書中常用到的是「銅質」拉鍊，這種較耐用的金屬拉鍊因早前是拼布族常用的拉鍊款，所以有些材料行稱作「拼布拉鍊」。拉鍊齒、拉鍊頭大多是鍍青銅色系，當然也有很多其他材質，但為了讓新手方便找尋、購買，書中的作品都使用最常見的水滴形拉鍊頭銅拉鍊。當然也可依喜好，改用易開罐形拉鍊頭拉鍊或其他款式。

❷ **包用織帶**：包袋背帶使用的織帶，有各種花色、尺寸可選擇。書中作品常用到的織帶，寬度多為 2、2.5 公分，材質則有純棉、尼龍，可依喜好搭配。

❸ **棉繩**：純棉製成的棉繩，本書中常用的有 1、2 公分粗兩種尺寸。書中作品「no.04 拉鍊口袋束口背包」除了使用 2 公分粗棉繩外，也可以依個人喜好與創意，更改棉繩的粗細或材質。

❹ **仿皮繩**：也是棉質，編織得比較細緻，書中常用的是 0.3 公分粗的。

❺ **夾棉**：是增加布料挺度、包袋蓬鬆度和柔軟度的重要材料。材質粗分有塑膠夾棉和純棉、動物毛類夾棉。當中塑膠夾棉比較便宜且用途較廣，後兩者價格偏高。本書多使用背後有背膠的「厚夾棉」、「薄夾棉」。

❻ **布襯**：如果布料不夠挺、不夠厚，可以在布料反面貼布襯，它和夾棉的差別在於蓬鬆軟度和厚薄。本書常用到的布襯是「硬布襯」，可以讓布料更挺，增加硬度而不易變形。依所需增加的厚度決定使用「厚布襯」或「薄布襯」即可。

❼ **裁縫用PP板**：厚度約0.12～0.18公分，是半透明狀的塑膠版，材質是PP，所以叫作PP板。PP板在本書中是用做包袋袋底的補強，讓包袋底部承重時不易變形。本書常用尺寸：薄款厚度約0.12公分，厚款厚度約0.18公分。

❽ **現成皮把手**：縫紉材料店可買到許多仿皮或真皮製的把手。製作布包時，適當地選用皮製把手點綴，可提升包袋的質感，也省去製作把手的時間。

❾ **人織帶**：是比較薄的織帶，多用來裝飾、包邊，本書中使用的人織帶寬度有1、1.5、2公分等等。

❿ **魚骨**：又稱塑形條，可以用來撐起服裝、包袋的形狀。

認識五金配件

D.I.Y. Accessories Handmade Tools

這裡要介紹的五金環釦配件和釘釦，是指雞眼、固定釦、壓釦、轉釦、方形環等。這些配件除了本身的功能，同時也能當作裝飾配件以提升包袋的質感。以下介紹書中作品常用的五金配件，可依需求選用，讓作品更加完整與實用！

❶ **支架口金框：**本書中有一件作品使用到支架口金框。支架口金框比常見的口金框容易製作，對初學者來說是很好上手的口金類型。以支架口金框製作的包袋大多會搭配拉鍊，選購和操作時，可參考下方支架口金框對應拉鍊長度表。

支架口金框寬度	拉　鍊　長　度	
8 公分	15 公分	6 吋
10 公分	18 公分	7 吋
13 公分	25 公分	10 吋
15 公分	30 公分	12 吋
18 公分	36 公分	14 吋
	38 公分	15 吋
20 公分	38 公分	15 吋
25 公分	46 公分	18 吋
30 公分	50 公分	20 吋

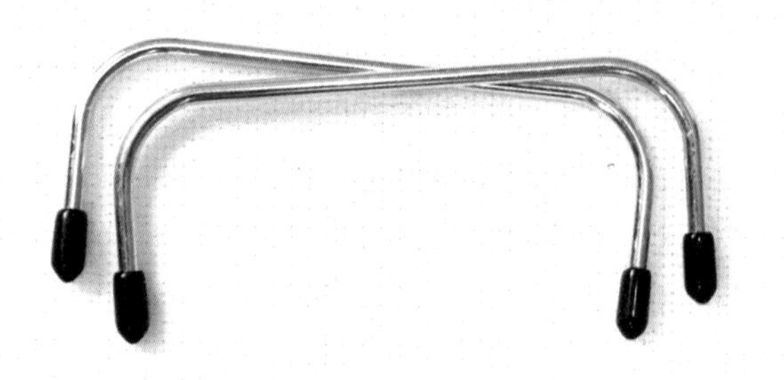

❷ **環釦類：**包含包袋肩帶的金屬環，以及包袋袋口的金屬釦組等具有轉接、固定、扭、轉等功能的金屬配件。本書常用到的環狀金屬物件有口形環、日形環、D 形環，多用在肩帶、背帶的轉接用途。從耐用度來說，合金材質會比鐵材質耐用且不易變形。另外，還有依據包袋功能屬性設定的搭配用金屬材料，包含了問號鉤、轉釦、水桶釘、皮帶頭等等。

而方形環、日形環、D 形環、問號鉤、皮帶頭，這些在同一個包袋款式上，使用的尺寸都會有所對應，例如用 2.5 公分寬的包用織帶製作可調式肩背帶（參照 p.29），其中會搭配用到的方形環、日形環和問號鉤等的寬度要相同。以下是問號鉤尺寸的比對圖，可參考使用。

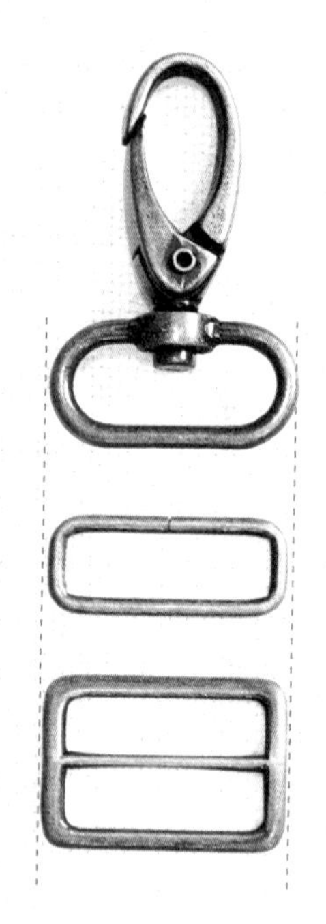

問號鉤與釦環尺寸比對圖

通常一個包袋上使用的釦環，尺寸、寬度都盡量一致。

方形環

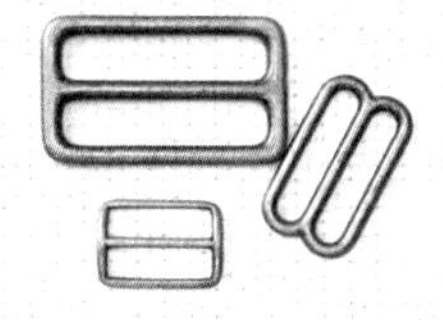

日形環

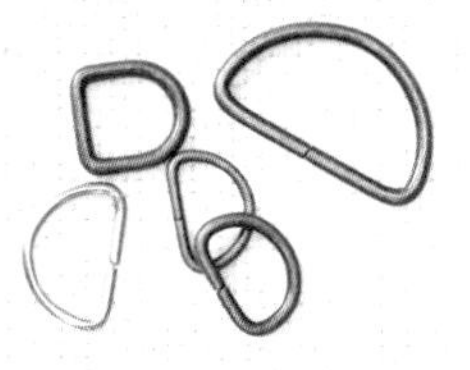

D形環

問號鉤

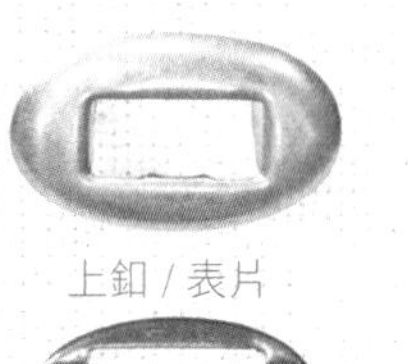

上釦／表片

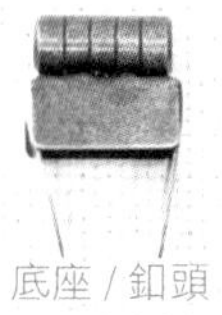

底座／釦頭

上釦／擋片

底座／擋片

轉釦

水桶釘

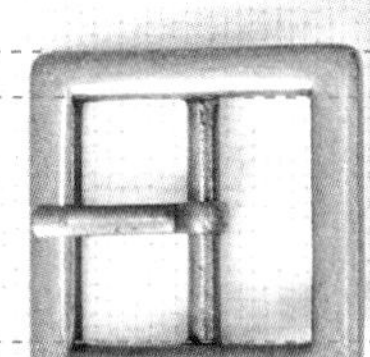

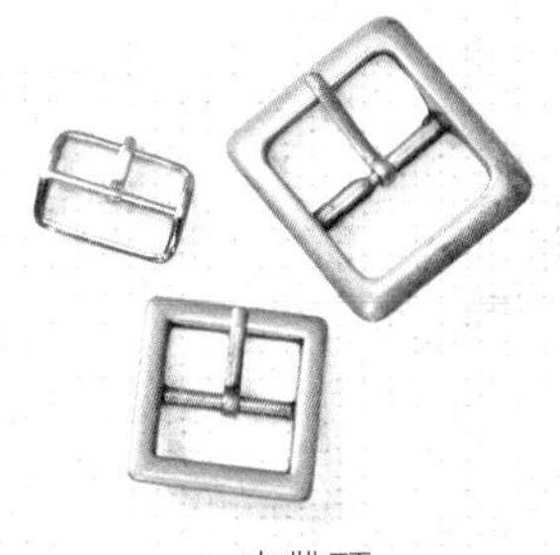

皮帶頭

釦環的選擇

首要依據是「內徑」尺寸。確認內徑後，依照設計、搭配需求選擇釦環的造型，造型的最大範圍是「外徑」尺寸。本書作品的材料中，所有釦環尺寸若無特別標明，都以「內徑」尺寸標示，跟大部分材料行一樣。比如 2 公分寬的問號鉤，指的是上圖中標示「內徑」區段的尺寸。但為了避免誤會，購買前還是先詢問清楚釦環的內、外徑尺寸比較保險。

認識五金配件

D.I.Y. Accessories Handmade Tools

❸ 手縫式磁釦

常用在袋口、袋蓋，功能跟一般磁釦、撞釘磁釦一樣，但差別在不需要任何安裝工具，手縫即可固定。

❹ 一般磁釦

這種磁釦的公釦、母釦反面都有爪釘，安裝時，依照爪釘的位置，割出尺寸對應的孔位，即可安裝。不需安裝工具，但在安裝磁釦的位置反面，會露出擋片，必須事後修飾。

❺ 撞釘磁釦

功能和❸、❹一樣，差別在於需要有對應的安裝工具才能成功安裝。表面有飾片，因此安裝後的效果較為美觀。

❻ 壓釦

也常用在袋口、袋蓋，需要有對應尺寸的安裝工具，才能安裝。

❼ 雞眼

據說看起來像雞的眼睛，故稱雞眼。雞眼在包袋上通常是裝飾效果居多，本書中使用尺寸稍大一點的雞眼，便於線繩的固定。

❽ 固定釦

這是用來固定布片的釦子，本書中大部分用在固定提把與袋身片。常用的尺寸有0.8、0.6公分，安裝時，也需要對應尺寸的安裝工具。

手縫式磁釦（方）

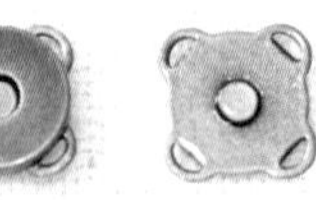

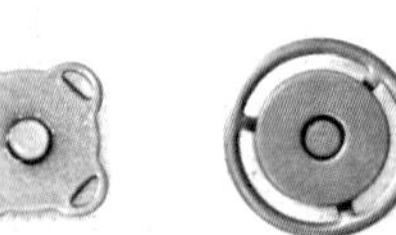

母釦　公釦

手縫式磁釦（圓）

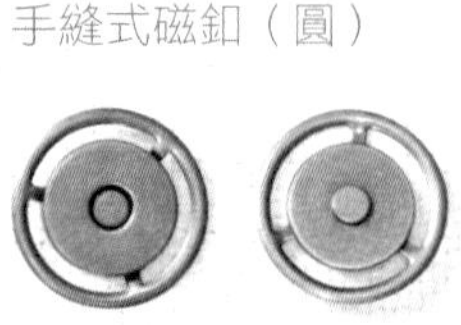

母釦　公釦

一般磁釦

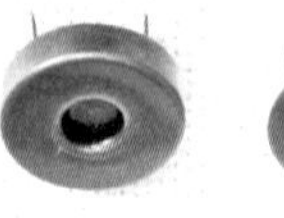

母釦　公釦

撞釘磁釦

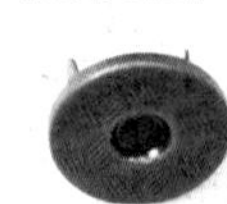

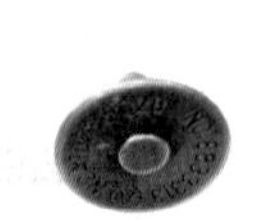

母釦　公釦

母釦擋片　公釦表片

壓釦

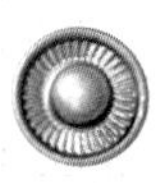

母釦　公釦

母釦表片　公釦底片

雞眼

表片　底片

固定釦

表片　底片

❾ 各式五金釘釦的打具

壓釦工具

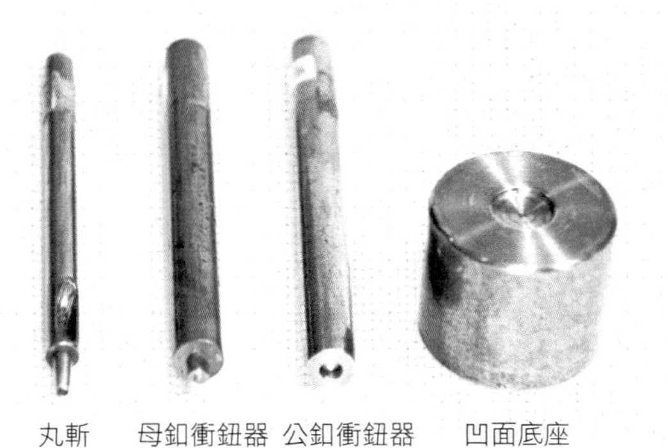

丸斬　母釦衝鈕器　公釦衝鈕器　凹面底座

雞眼工具

丸斬　衝鈕器　雞眼底座

撞釘磁釦工具

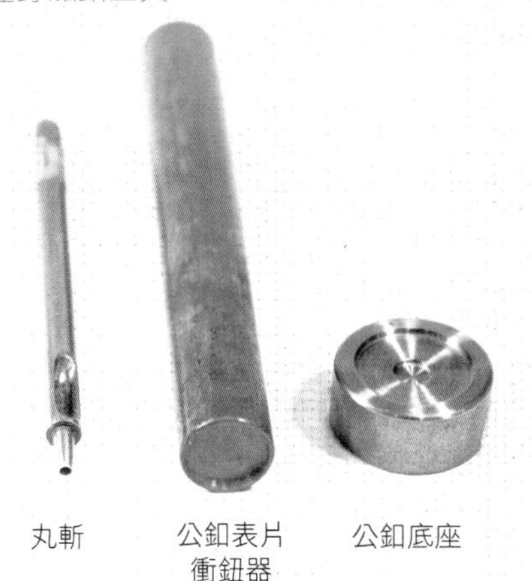

丸斬　公釦表片衝鈕器　公釦底座

固定釦工具

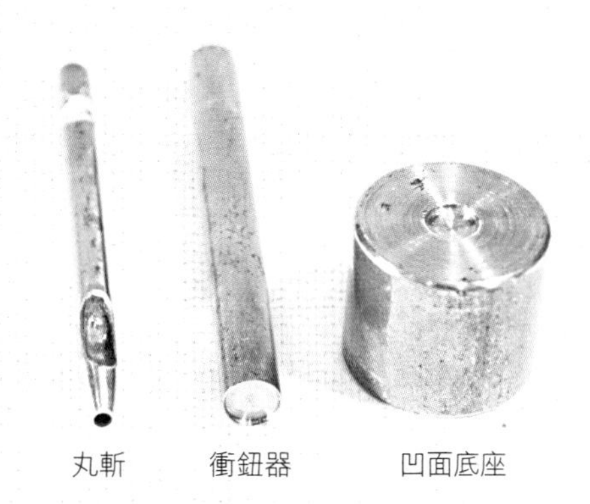

丸斬　衝鈕器　凹面底座

膠板和木槌

在安裝五金配件時，可使用膠板保護桌面、五金配件，以及降低敲打時的噪音。使用木槌可以保護安裝工具，切記不可以用鐵鎚，因為長期敲打之下，安裝工具容易損壞。

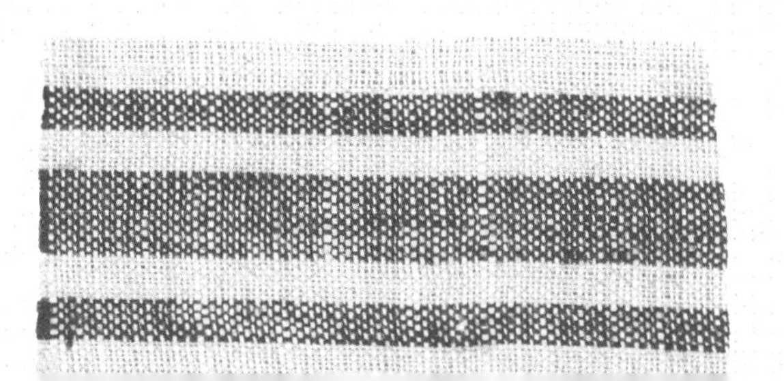

技法與小撇步
Skills And Tips

包袋內布邊處理（二次縫包邊法）

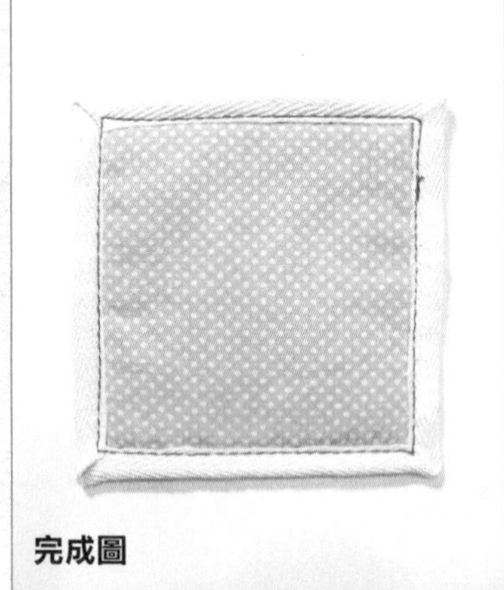
完成圖

●這是兩段式包邊做法，須先將包邊織帶固定在反面，之後再縫合固定另一面的織帶，適用於沒有內裡的包邊作品。

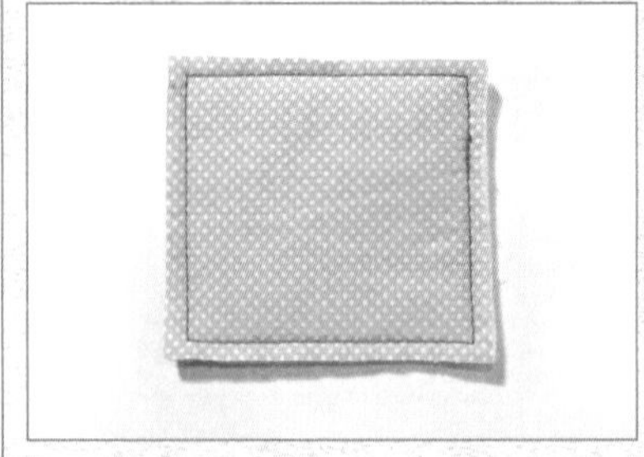
❶ 如果是兩片以上重疊的布片，就要先做一次縫合固定，確保布片不會在包邊時位移。

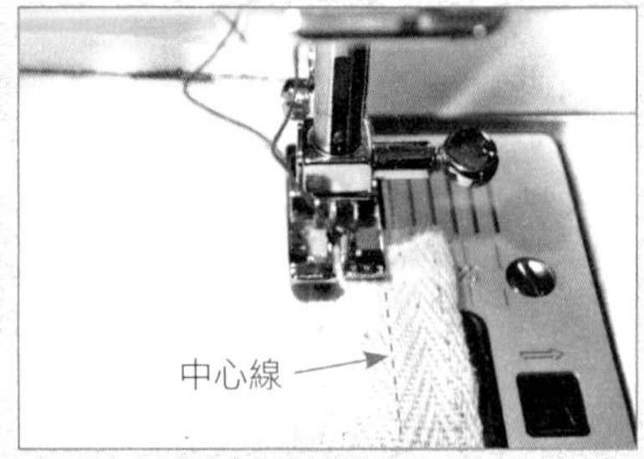

❷ 縫合時，布片邊緣對齊人織帶的中心線。

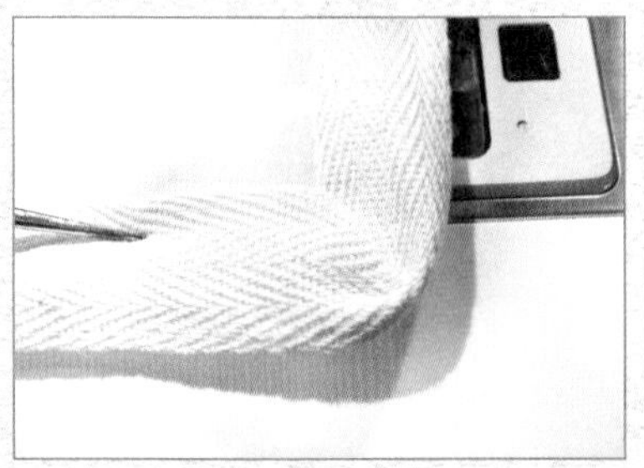
❸ 縫到直角轉彎時，人織帶也要摺成直轉彎縫合。

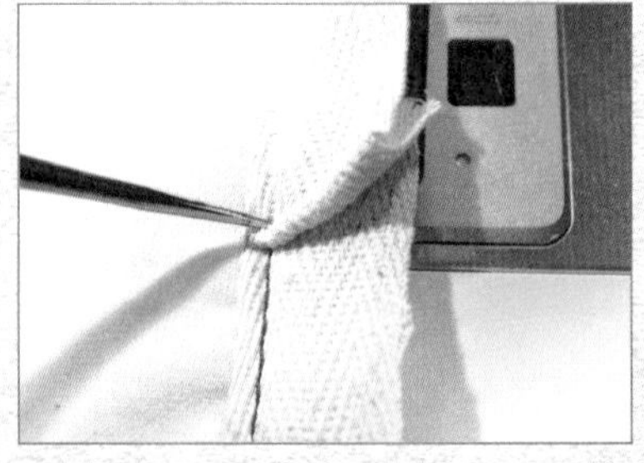
❹ 縫到即將結尾的段落，要把織帶尾部反摺。

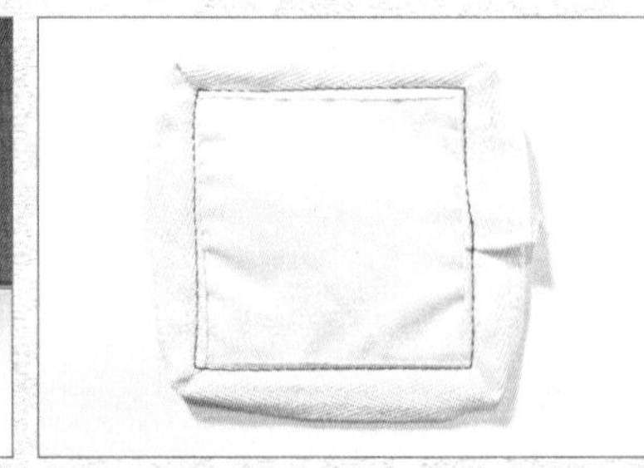
❺ 縫合第一面的狀態。

❻ 另一面要從剛剛結尾的反面開始起針。

❼ 遇到直角轉彎處必須整理織帶，讓它整齊轉彎。

❽ 結束時記得回針。

袋內布邊處理（反摺法）

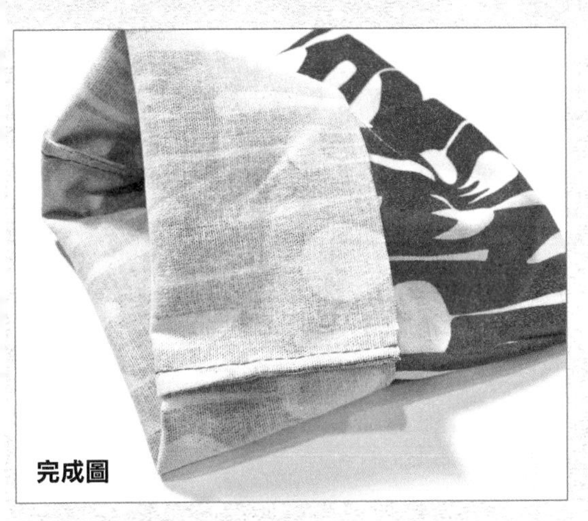

●這個做法比包邊法稍微簡單一點，也是用來藏縫份布邊的方式，但過厚的布料較不適合用這種方法。

❶ 將布料反面相對。

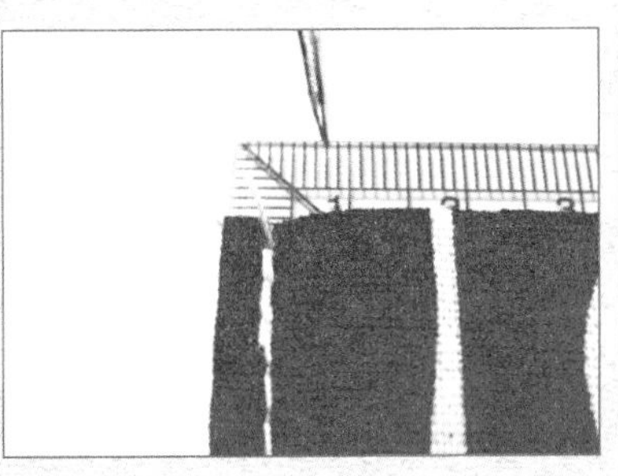

❷ 從正面縫合固定，但縫份要小於原縫份的一半以下，比如 0.8 公分的縫份，第一次正縫的縫份是 0.3～0.4 公分。

❸ 正縫完，先將直角布邊修剪，有助翻面後的形狀美觀。

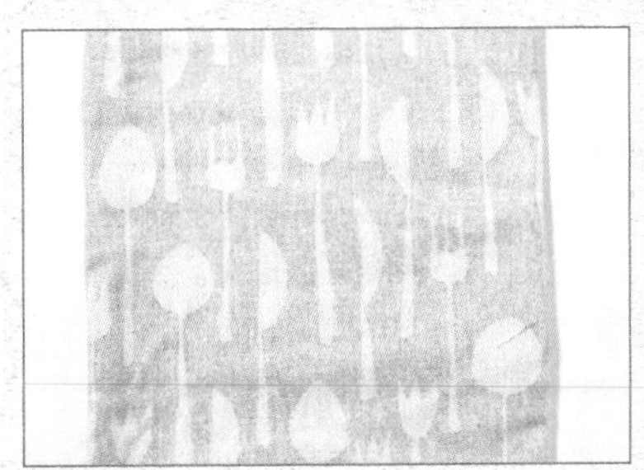

❹ 翻到反面，此縫份在正面。

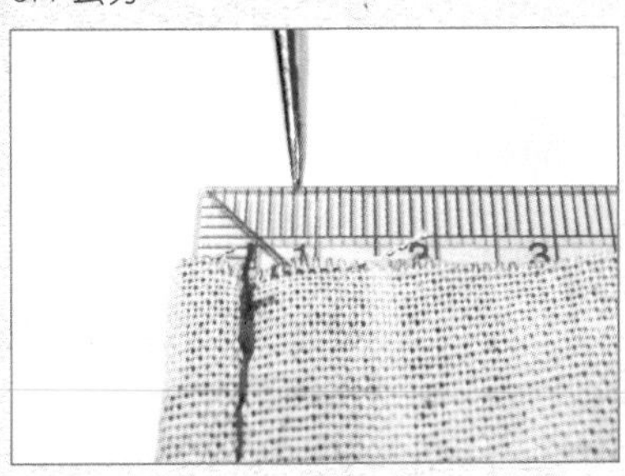

❺ 從反面進行第二次反縫，縫份 0.5 公分，縫完後翻到正面即成。

技法與小撇步

Skills And Tips

包包內裡的車縫法

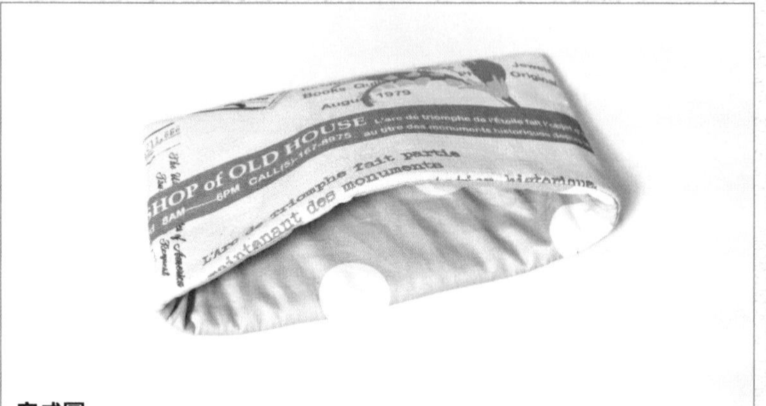

完成圖

●這是針對有內裡的布袋做法，適用於任何需要做內裡的包袋。

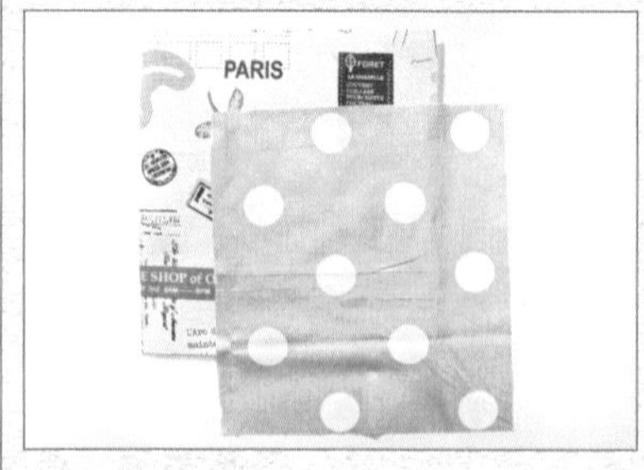

❶ 準備裡布、外布各一片。

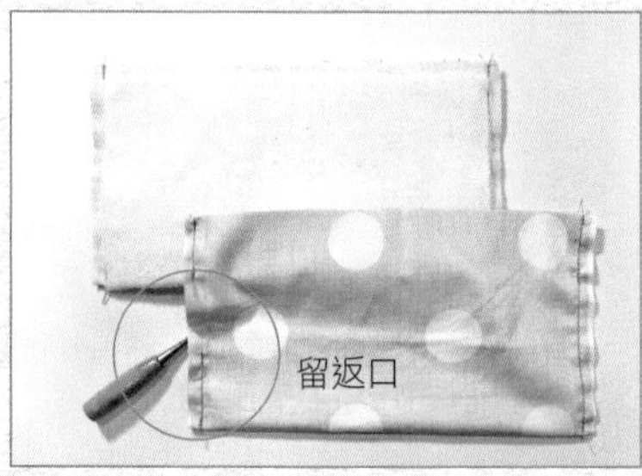

❷ 各自縫成袋子，記得在裡袋預留返口，如圖中錐子部位。

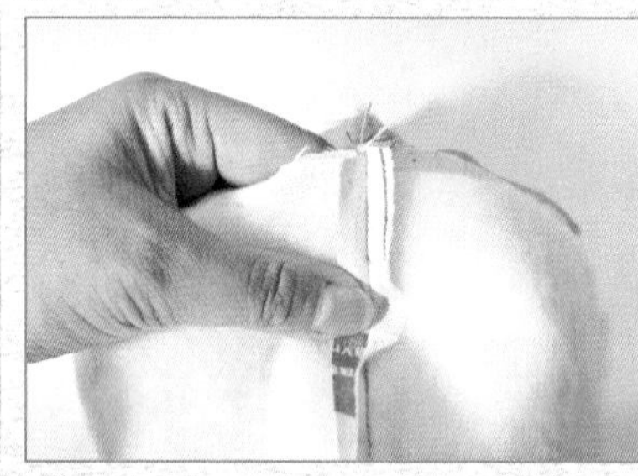
❸ 接著將兩袋正面相對，互套後對齊袋口，兩側邊的縫份相互對齊。

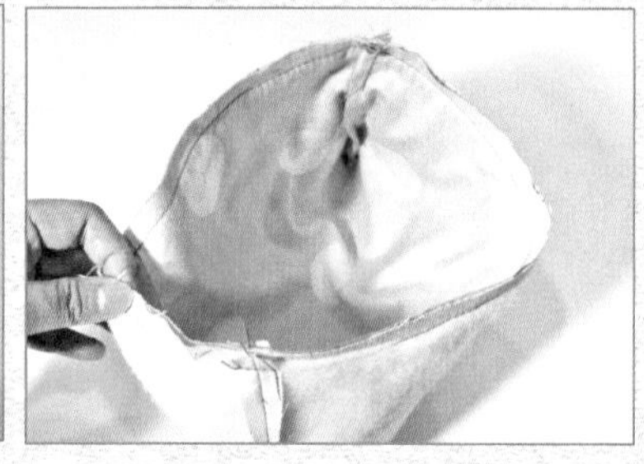
❹ 在袋口縫合一圈後，從預留的返口翻到正面，大功告成！

【同場加映】袋口縫合

完成圖

●可以在袋口縫合一圈線，這樣即可固定裡、外布，有時候也是一種線條裝飾。

在袋口縫一圈，通常這種裝飾性的縫份都不會太寬，目前圖中的縫線離邊緣大約為 0.2 ～ 0.3 公分的距離。

包袋抓底法

完成圖

●包袋抓了底會有立體感，容量似乎也有變大的錯覺。圖中的包袋就是 p.22 中示範的包袋，加上抓了厚度底，看起來容量是不是真的變大了呢？

❶ 承接 p.22 做法的步驟 ❹，在袋口縫合後先不要翻到正面。

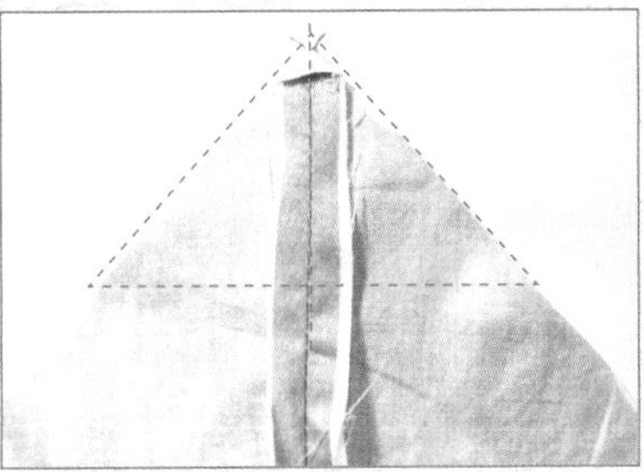

❷ 將側邊縫份向左右攤開後成圖中三角形狀，一定要確定左右對稱。

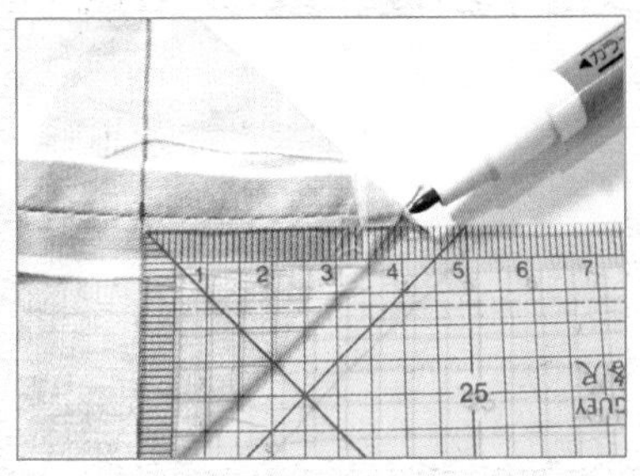

❸ 從縫份往袋底方向測量，若量 4 公分，則代表抓底完成後包袋的厚度為 8 公分。

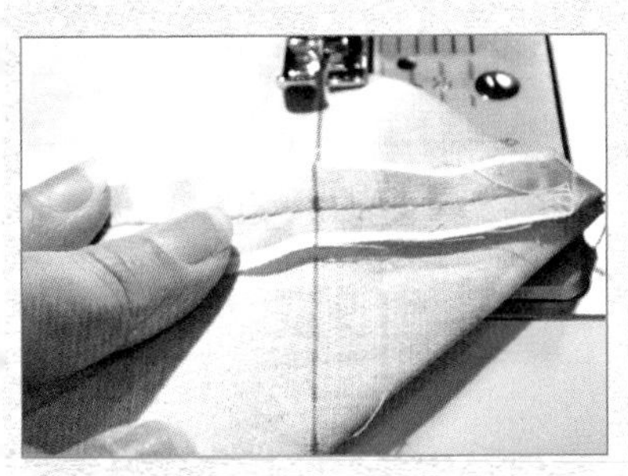

❹ 沿著記號線縫合固定，其他三個角做法相同。

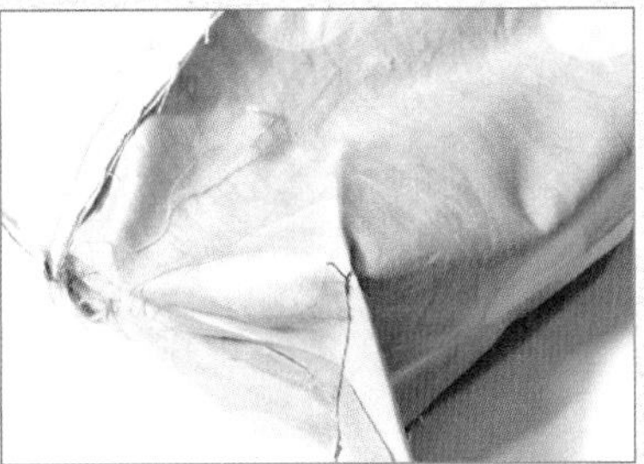

❺ 裡、外袋抓底的形狀。

❻ 修剪袋底的三角形，去除多餘的布片，翻到正面即成。

技法與小撇步

Skills And Tips

袋口拉鍊車法（無內裡）

完成圖

●適用於任何無內裡的拉鍊包袋。通常除了拉鍊，其他布邊也需要連帶做包邊處理才會美觀、耐用，布邊才不會鬚掉。

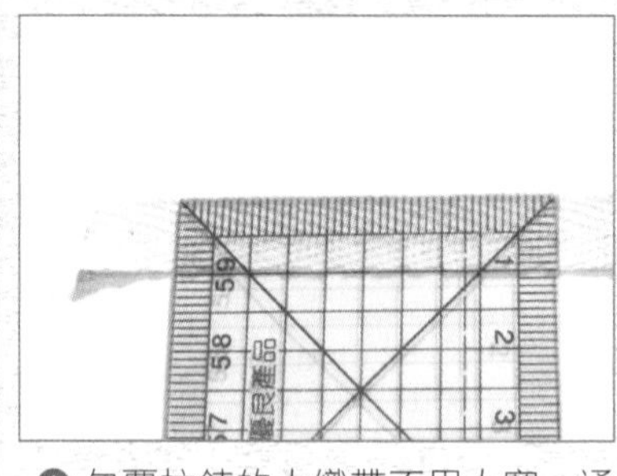

❶ 包覆拉鍊的人織帶不用太寬，通常使用 1 公分寬度即可。

❷ 車縫時，使用功能對應的壓布腳有助於車縫順暢。

❸ 先固定拉鍊，記得將拉鍊頭、尾布片反摺，拉鍊兩邊做法相同。

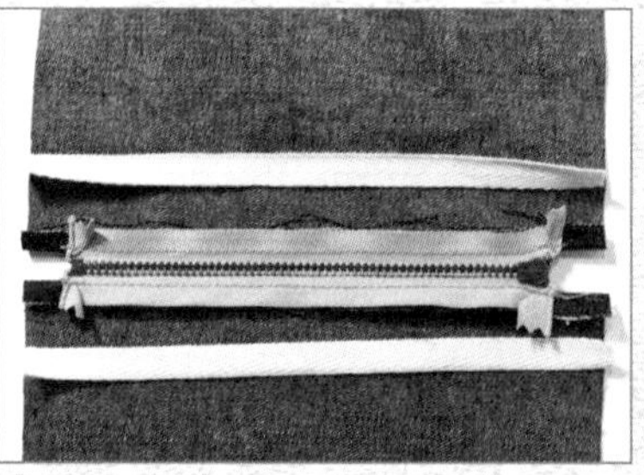

❹ 剪兩條長度對應的 1 公分人織帶。

❺ 人織帶貼齊先前固定拉鍊的縫線，縫合固定。

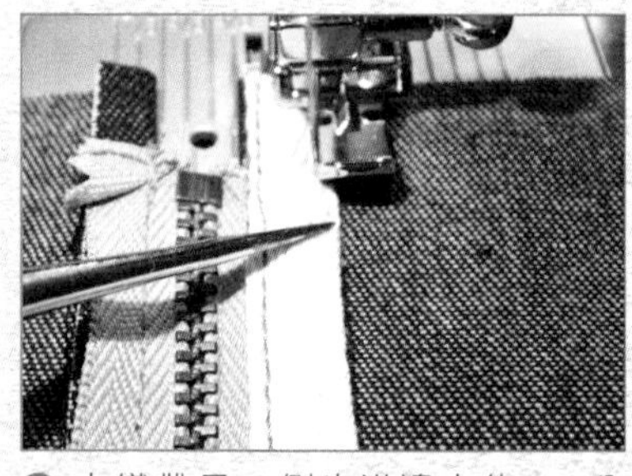

❻ 人織帶另一側也沿邊大約 0.1 公分距離縫合。

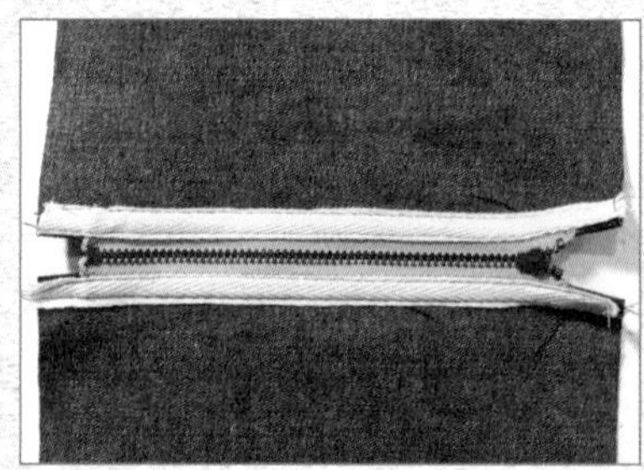

❼ 兩邊做法相同。

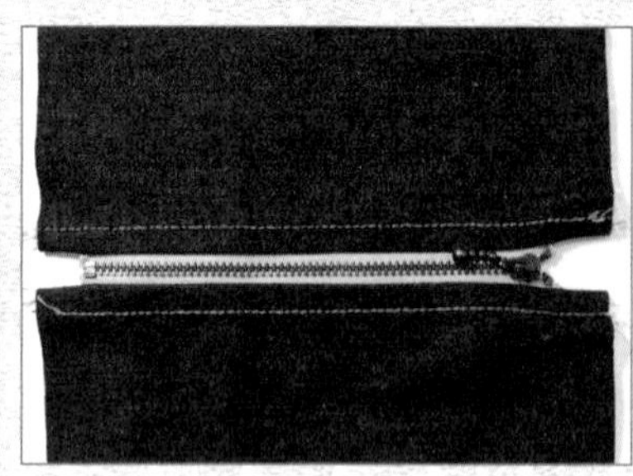

❽ 正面的樣子。

袋口拉鍊車法（有內裡）

完成圖

●適用於任何有內裡搭配的包袋，這種做法比包邊法簡單！

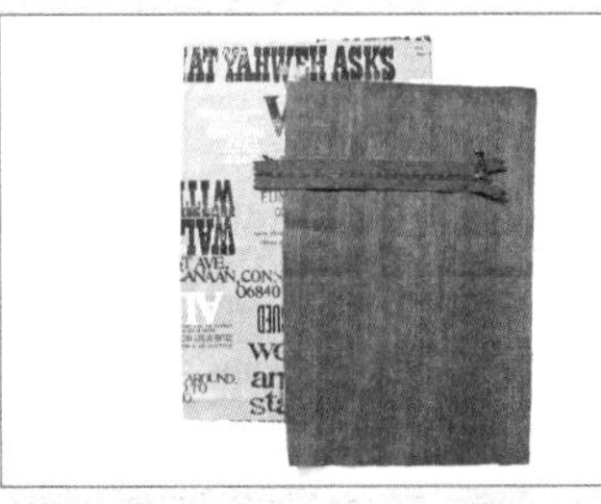
❶ 將布片裁剪好，裡、外布一樣大。

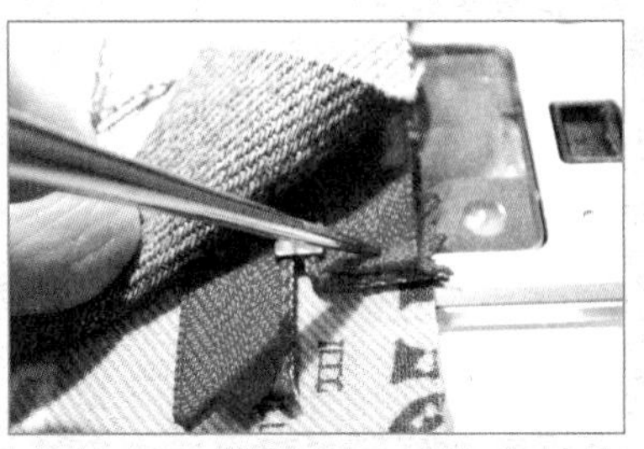
❷ 縫合固定拉鍊時，記得反摺拉鍊的頭、尾布片。

❸ 單邊拉鍊縫合固定了。

❹ 另一邊拉鍊做法相同。

❺ 將袋身兩側縫合，在裡布側邊預留返口，如圖中錐子部位，翻到正面後，縫合內裡返口即成。

【同場加映】布邊包縫

完成圖

●有別於 p.20 二次縫包邊法，這種縫法稍有難度，但功能和用途都相同，過厚的布料要換成寬一點的人織帶，圖中示範的人織帶為 1.5 公分。

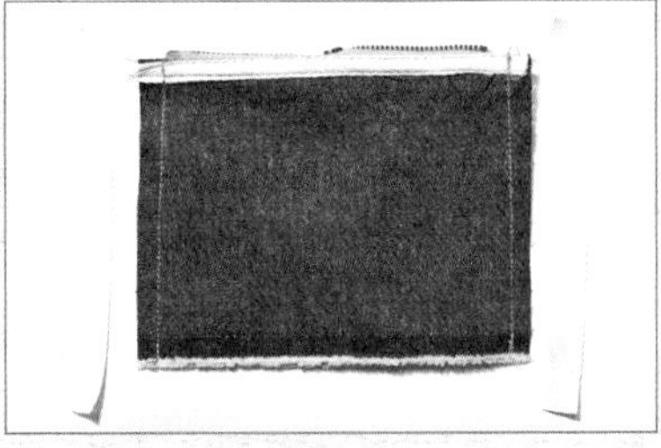
❶ 剪兩條長度多出背包縫邊各約 1.5 公分的人織帶。

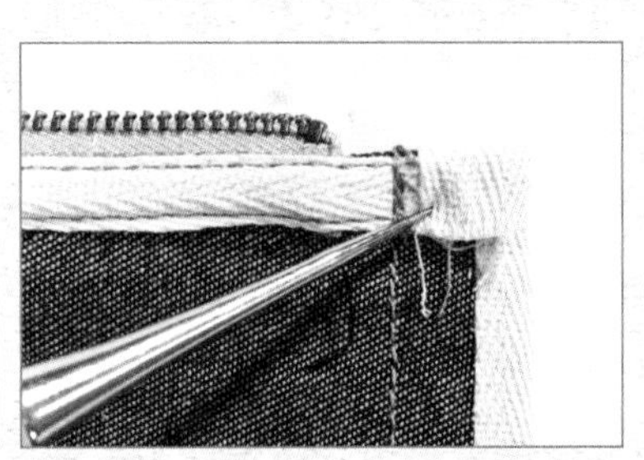
❷ 凡是會鬚邊的布、織帶，都需要反摺裁切邊。

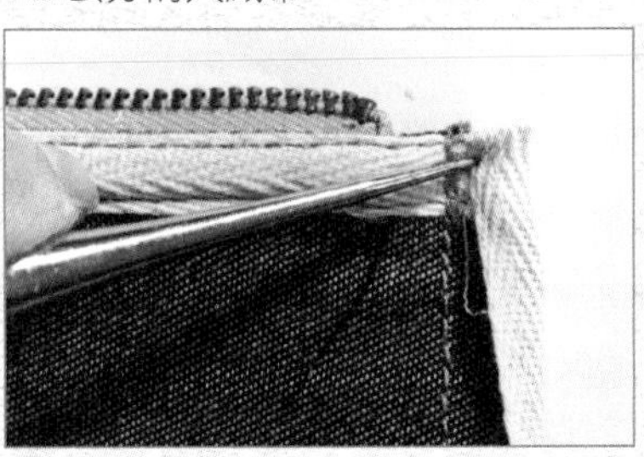
❸ 摺好織帶即可開始縫合固定。

❹ 記得尾端也要反摺。

技法與小撇步
Skills And Tips

安裝壓釦

完成圖

使用工具：

a. 丸斬、**b.** 母釦衝鈕器、**c.** 公釦衝鈕器、**d.** 凹面底座

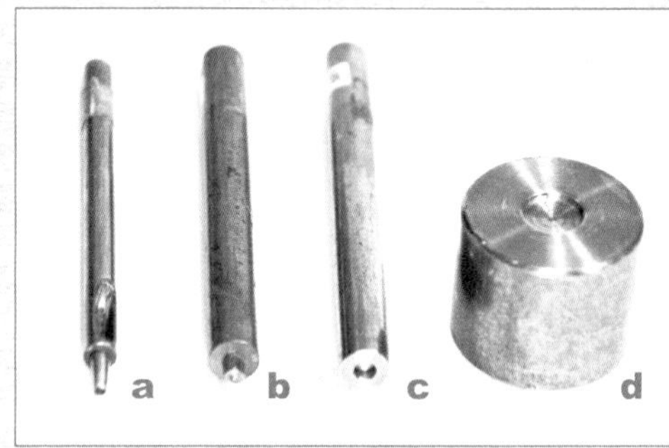

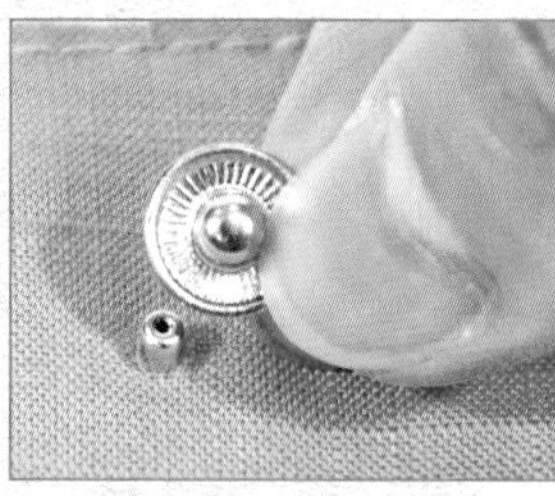
❶ 布片打孔後，布反面套上公釦底片，正面套上公釦表片。

❷ 使用公釦衝鈕器，以木槌敲打安裝。

❸ 將母片表片放在凹面底座上，套上布片（此時布片反面朝上）。

❹ 套上母釦底片，以母釦衝鈕器和木槌安裝。

❺ 留意衝鈕器的方向和扣子必須一致。

安裝固定釦

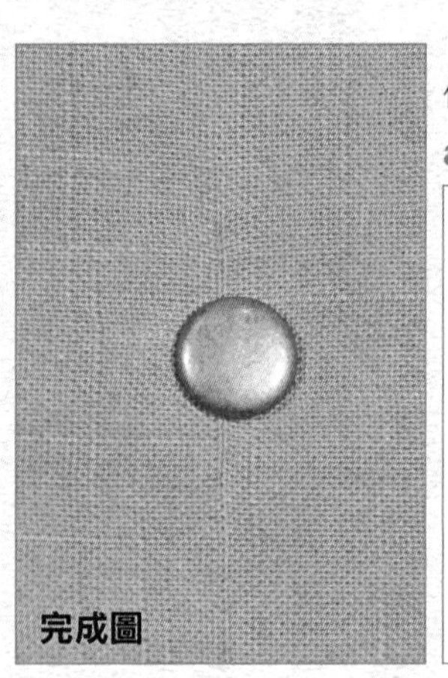
完成圖

使用工具：

a. 丸斬、**b.** 衝鈕器、**c.** 凹面底座

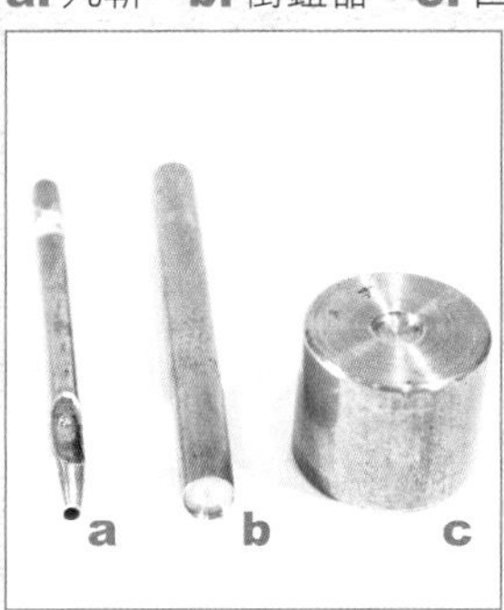

❶ 在布上穿孔後，從布反面套上公釦，正面闔上母片。

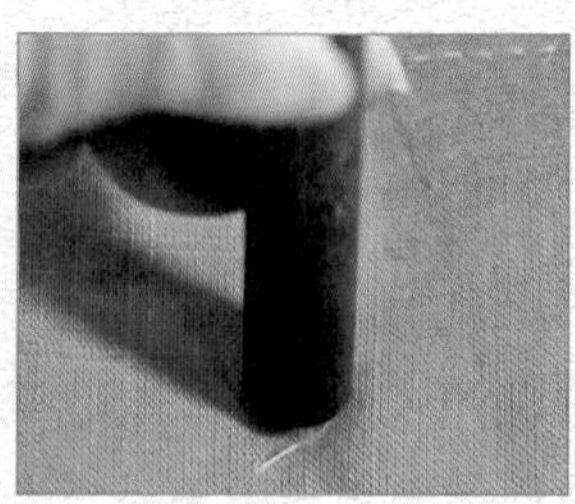
❷ 放在尺寸對應的凹面底座上，使用凹面衝鈕器和木槌敲打安裝即成。

安裝撞釘磁釦

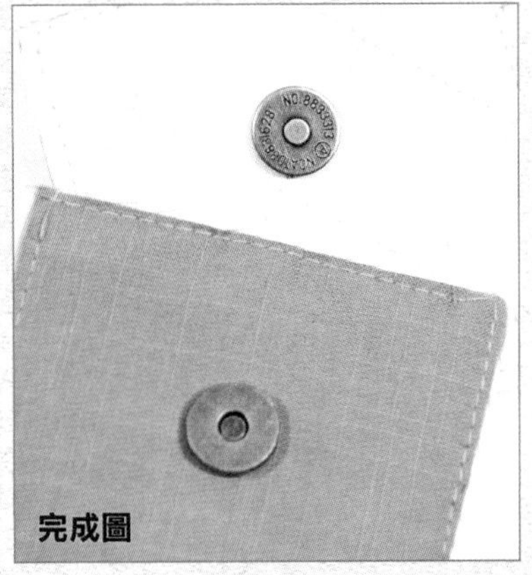
完成圖

使用工具：

a. 丸斬、**b.** 公釦表片衝鈕器、**c.** 凹面底座

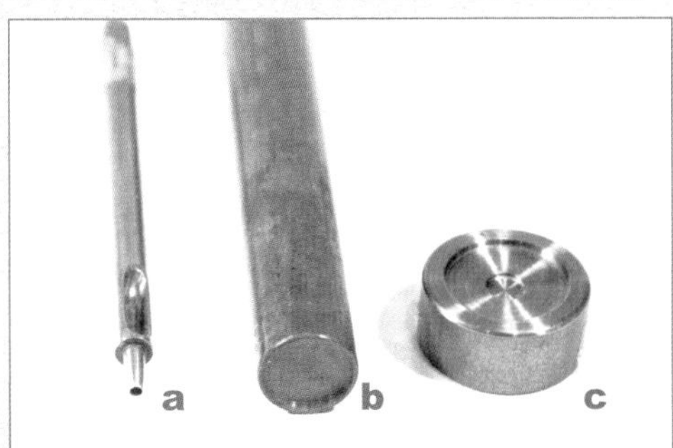

❶ 穿孔後，在布的反面套上公釦底片，正面套上公釦表片。

❷ 放在公釦底座上。

❸ 使用表片衝鈕器，以木槌敲打安裝。

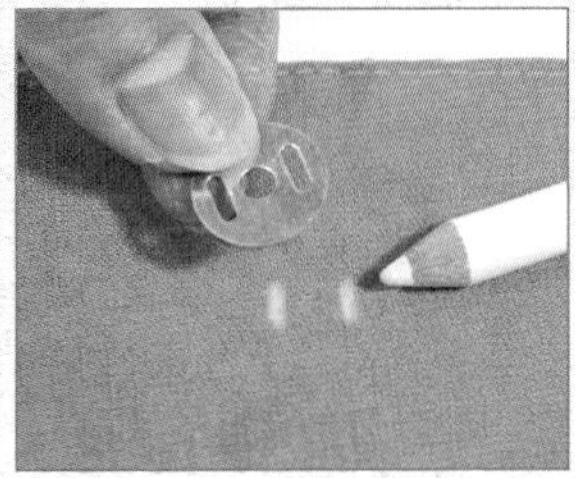
❹ 母釦則於布面正面上，依據母釦擋片孔位，剪開兩個 1 字形孔位。

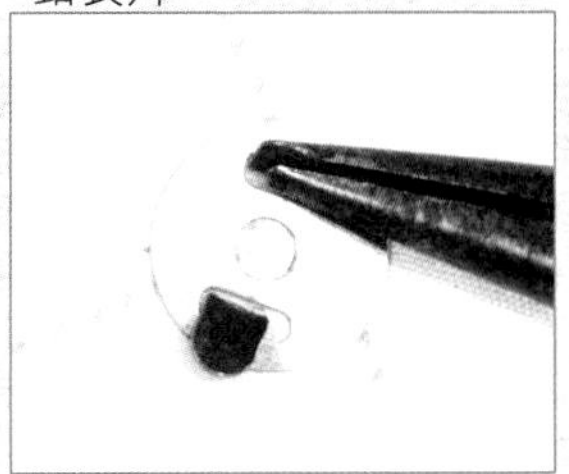
❺ 從布的正面套上母釦表片，反面套上母釦擋片，用鉗子彎折母釦爪片即成。

安裝雞眼

完成圖

使用工具：

a. 丸斬、**b.** 衝鈕器、**c.** 雞眼底座

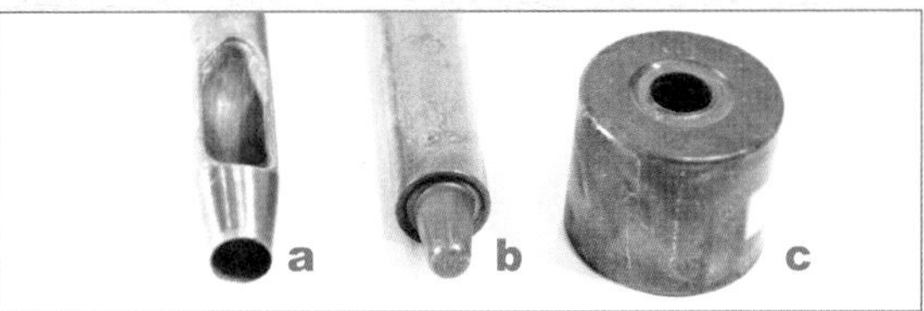

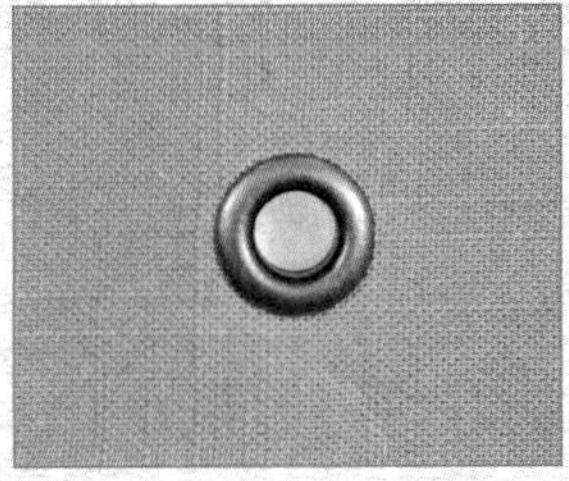
❶ 使用丸斬在布片上穿孔後，在孔位上放入雞眼。

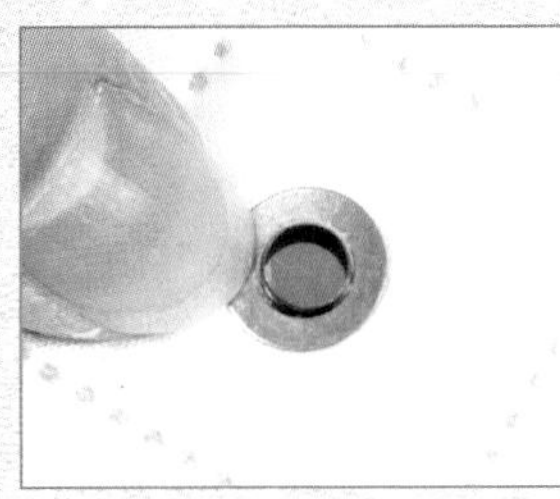
❷ 在布的反面套上雞眼下片。

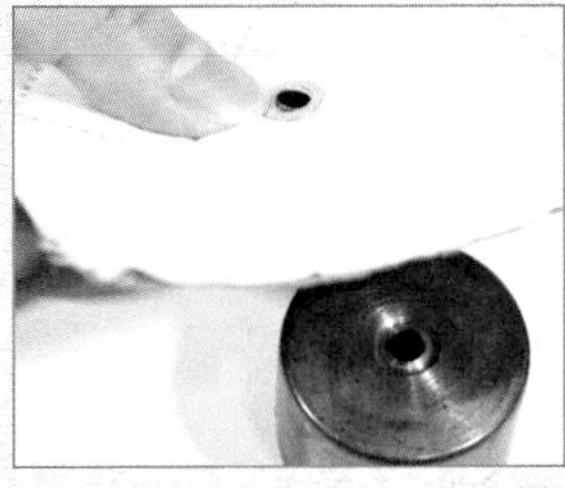
❸ 放在尺寸對應的雞眼底座上。

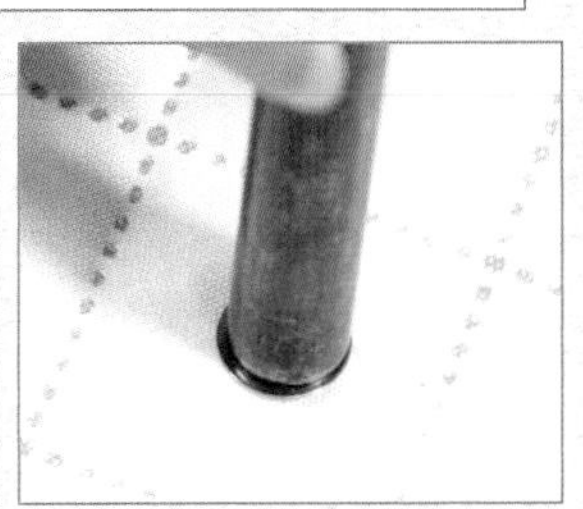
❹ 使用雞眼衝鈕器、以木槌敲打安裝即成。

技法與小撇步

Skills And Tips

提把與肩背帶做法

完成圖

●適用袋子提把、肩帶、束口繩、腕帶、D環耳。

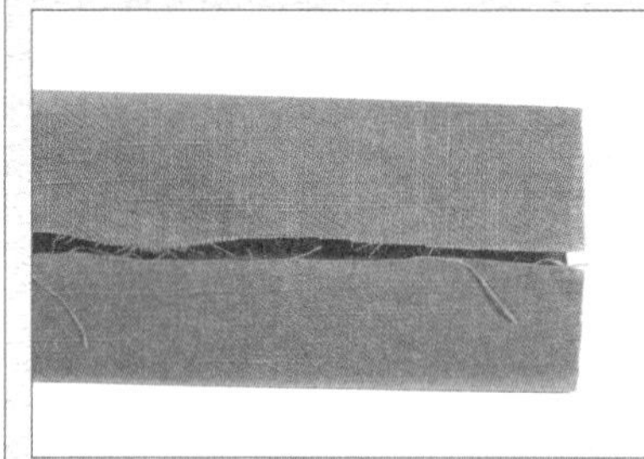

❶ 將布條從正面向反面反摺兩次。

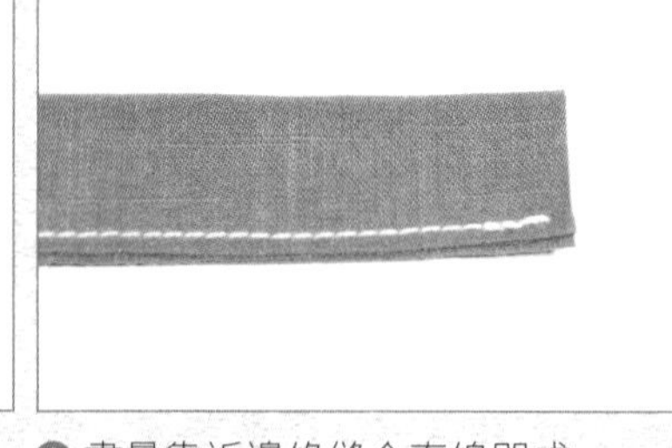

❷ 盡量靠近邊緣縫合直線即成。

頭尾布邊固定做法

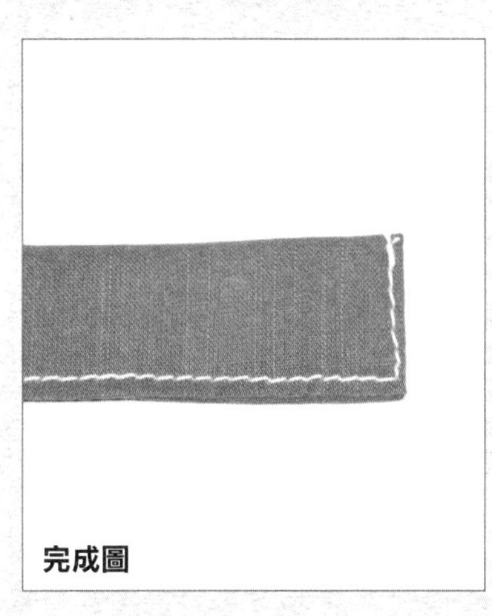

完成圖

●適用上述動作的條狀物頭、尾收邊，讓布邊不會鬚邊。

❶ 長邊反摺兩次後，短邊縫份也反摺。

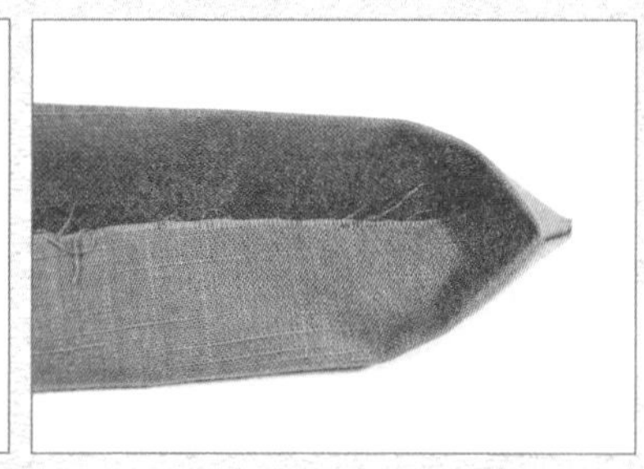

❷ 長邊對摺之後，夾入短邊縫份中，貼近布邊縫合直線固定即可。

用織帶製作可調式肩背帶

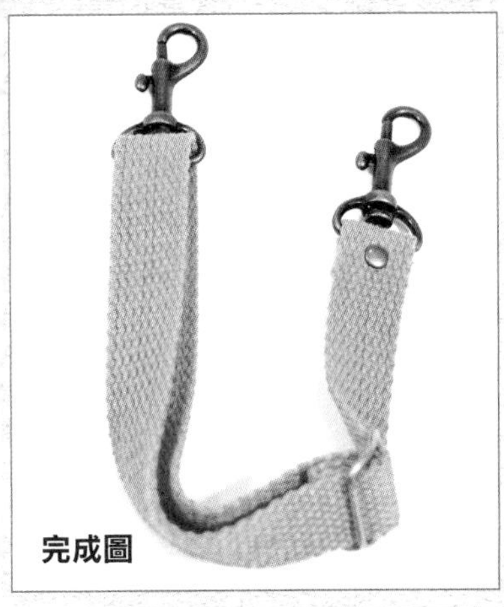

完成圖

●在本書中，這是最常用到的肩帶做法，不論背包、斜肩包，
學會這個簡單的做法，統統難不倒你！！！

❶ 將織帶其中一端穿過日形環，然後反摺兩次。

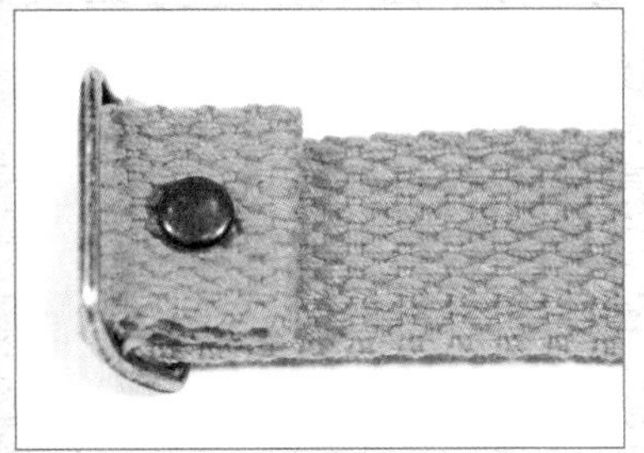

❷ 可用固定釦或縫線固定反摺處。

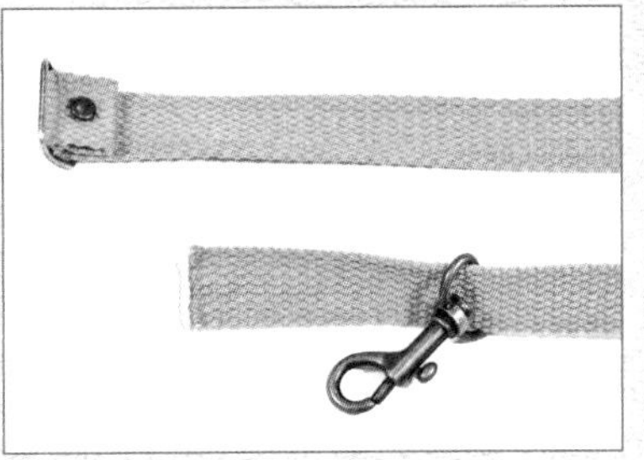

❸ 另一端套入問號鉤，或者固定在袋身上的方形環。

❹ 然後再穿入日形環。

❽ 這一端也固定在問號鉤，或者袋身另一邊的方形環即成。

可調式背繩

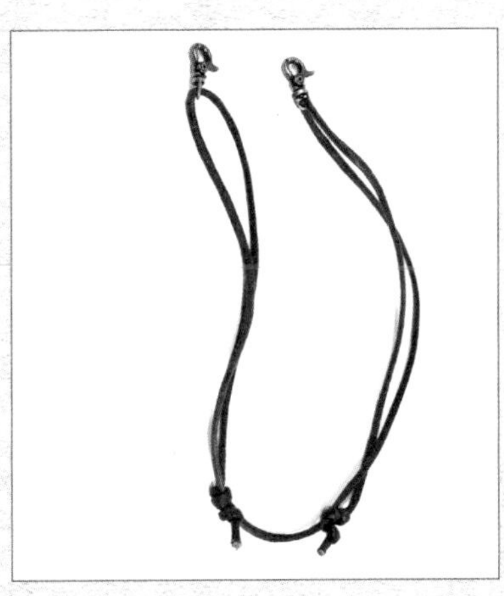

很簡便的包袋背繩，可以調整長度。

❶ 取一條適當長度的棉繩，穿過問號鉤，左邊棉繩在右邊棉繩上繞一圈打結，要預留一小段繩尾。

❷ 將預留的繩尾再打一次結，兩端做法相同。

技法與小撇步

Skills And Tips

貼夾棉

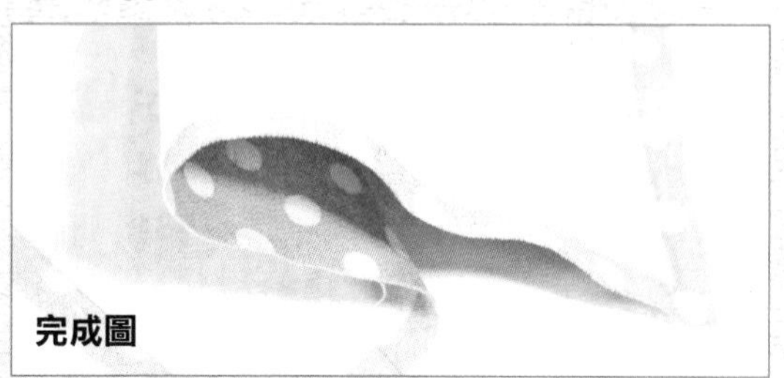

●如果想用來做包袋的布料剛好不夠挺、不夠厚時，可藉由夾棉增加布的厚度、挺度和蓬鬆度。

❶ 夾棉通常要比布片小，少的部分即是布片的縫份。

❷ 仔細看夾棉表面，有結晶的那面要面向布的反面，那是遇熱會融化的貼合面。

❸ 從正面熨燙，熨斗高溫熨燙約 90 秒，必須保持輕熨，勿重壓，避免夾棉在高溫下又被重壓而失去蓬鬆度。

貼布襯

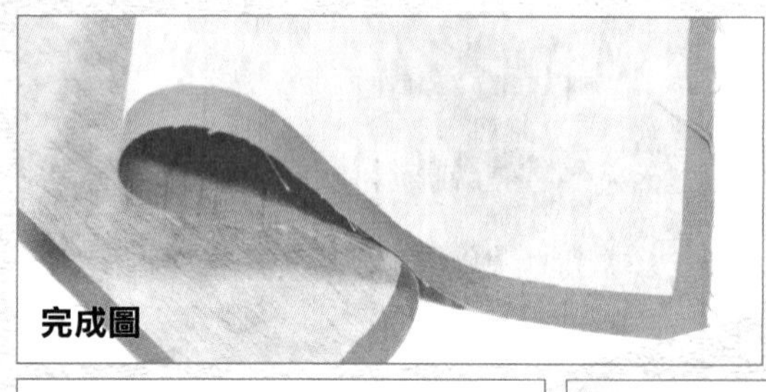

●和貼夾棉一樣，可以增加布料的硬度、挺度，但不同的是，布襯沒有夾棉的蓬鬆度。

❶ 和夾棉一樣，襯也需要比布片略小，剛好是布片扣除縫份後的大小。

❷ 襯有結晶物質的那面要面向布的反面，結晶物是遇熱會融化的貼合面。

❸ 熨斗高溫熨燙約 90 秒，輕熨，夾棉和襯一樣須等冷卻了，膠質才會牢固。

藏針縫

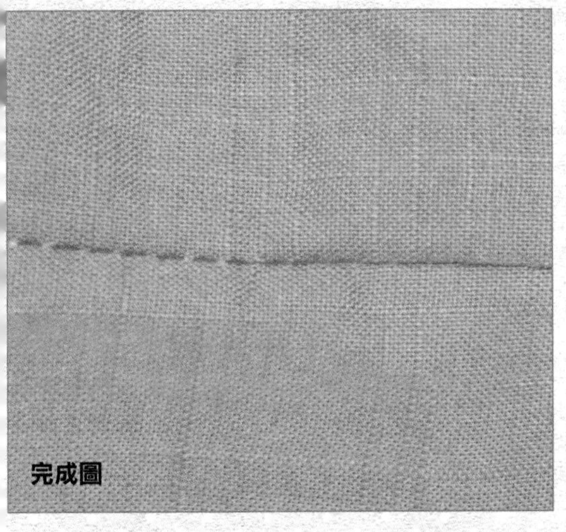
完成圖

●這是隱藏縫線的針法，因為縫合時是對齊前面出針的方式，所以又稱對針縫，學會了超實用，堪稱手作族必學祕技。

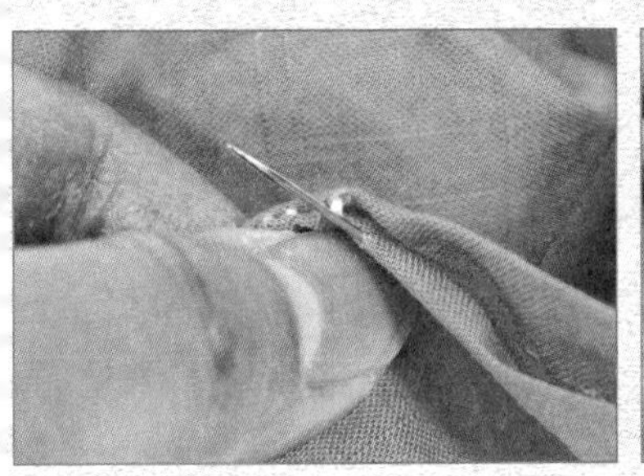
❶ 先從布料反面起針。

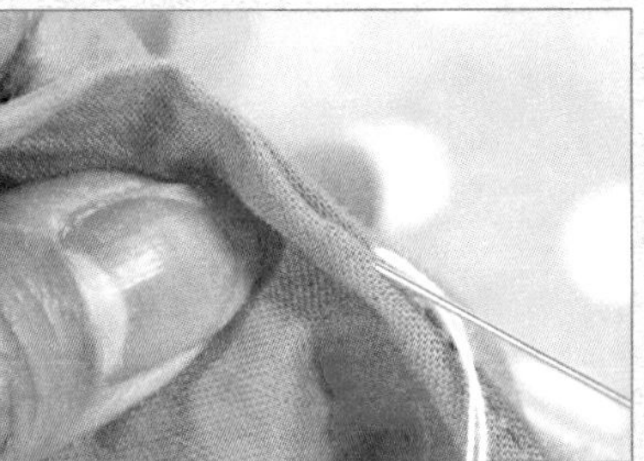
❷ 抽出針線後，往對面對齊的布面入針。

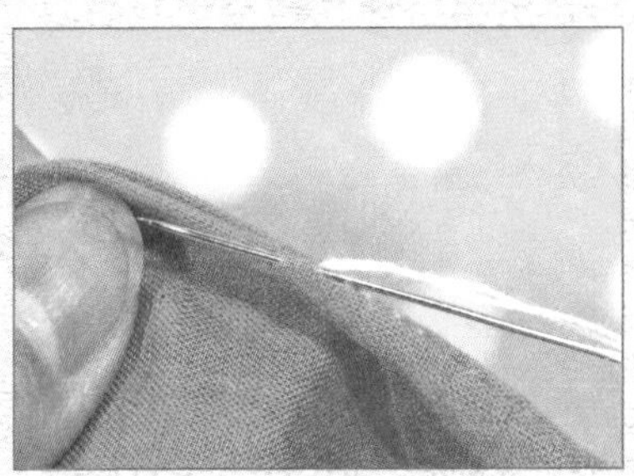
❸ 隨即在旁邊約 0.3 公分處出針，重複做法❶～❸直到結束。

❹ 要打結時，針壓在布上、現繞針 2～3 次。

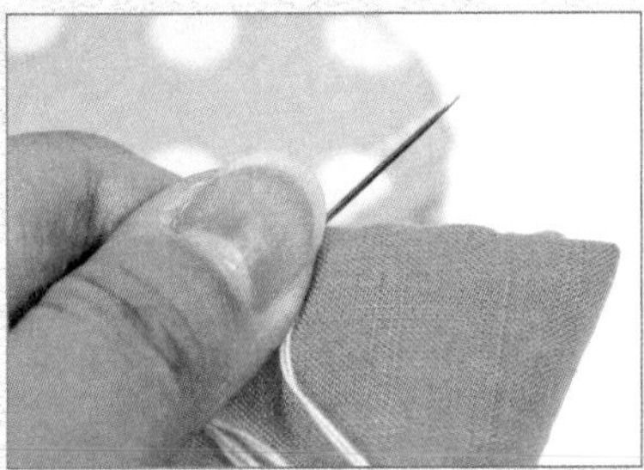
❺ 拇指壓住線，將針抽出即可打結。

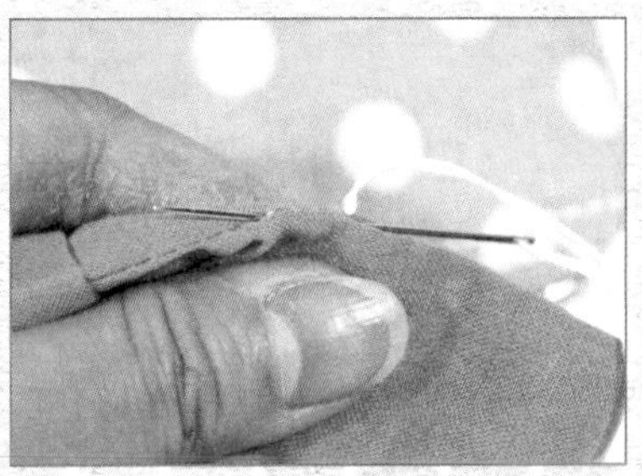
❻ 最後將針插入縫隙，再從另一端拉出，將結粒拉進布的反面即可連線結也藏住。

技法與小撇步
Skills And Tips

不用打版拉鍊包示範

●來吧！用隨興的方式，也可以製作出實用的布包，不一定得先在紙上畫出紙型才能完美成型唷！

這裡教你不用打版，甚至連尺都不需要使用，就可以替你的手機量身定做一個外套。超簡單，一起動手試試看吧！！

成品尺寸

寬 19 × 高 10.5 公分

材料

裡布、外布各 1 片

後夾棉 1 片

符合自己手機的拉鍊 1 條

做法圖解與說明

裁剪布片

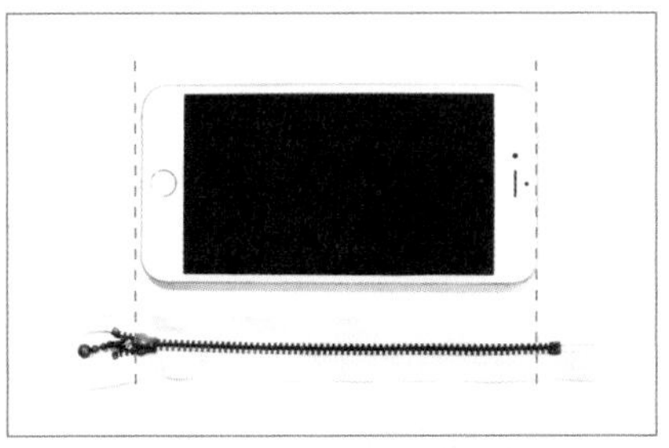

❶ 確認拉鍊的寬度可讓手機方便取用。

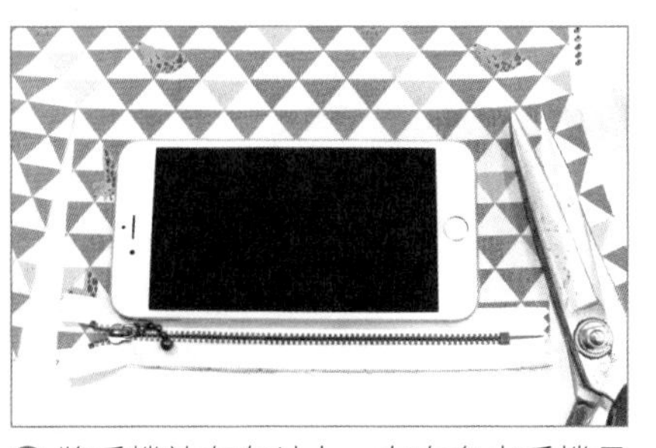

❷ 將手機放在布片上，左右多出手機尺寸各約 2.5 公分，然後先剪裁左右。

❸ 對摺剛剛的布片，接著整塊都裁剪。

❹ 將剪好的外布放在要用來當裡布的布片上，合著剪下。

拉鍊壓布腳

用對的輔助工具，製作過程更順利！

車縫拉鍊時，記得換上拉鍊壓布腳。針對拉鍊構造設計的壓布腳，可以在車縫拉鍊過程中，讓拉鍊順著壓布腳凹槽前進，拉鍊不易在縫合時位移，車縫後的線段也會更筆直。每個品牌的縫紉機依不同型號都有對應的「拉鍊壓布腳」可以選購，加上不同型號的機器結構、造型略有差異，因此上圖壓布腳僅供參考。只要記得購買時跟店員說明縫紉機型號以及「普通拉鍊壓布腳」即可，要注意別買成「隱形拉鍊壓布腳」！

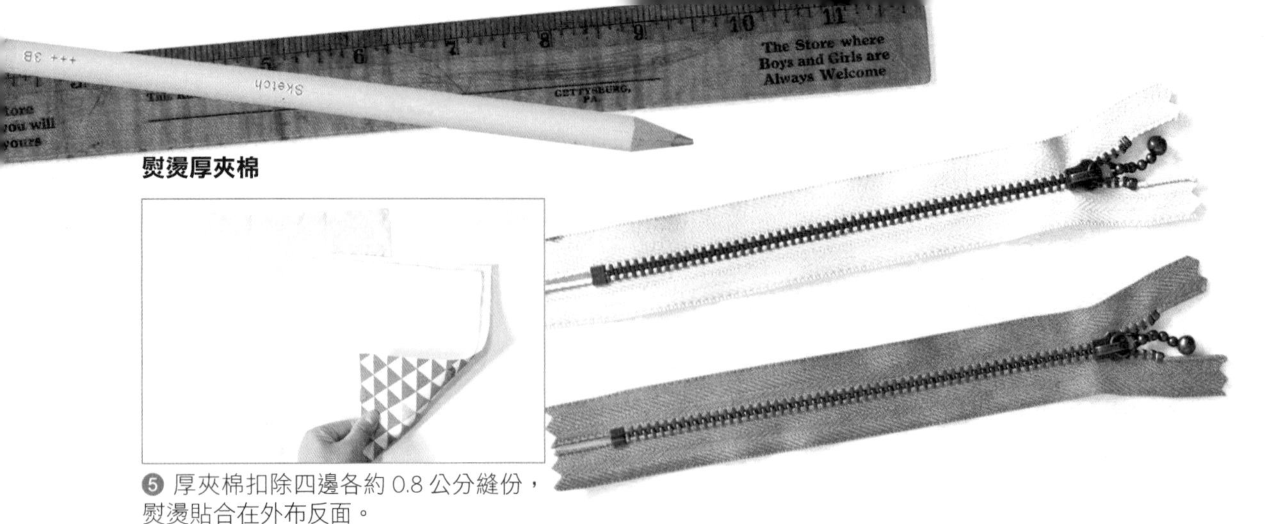

熨燙厚夾棉

❺ 厚夾棉扣除四邊各約 0.8 公分縫份，熨燙貼合在外布反面。

縫合袋口拉鍊

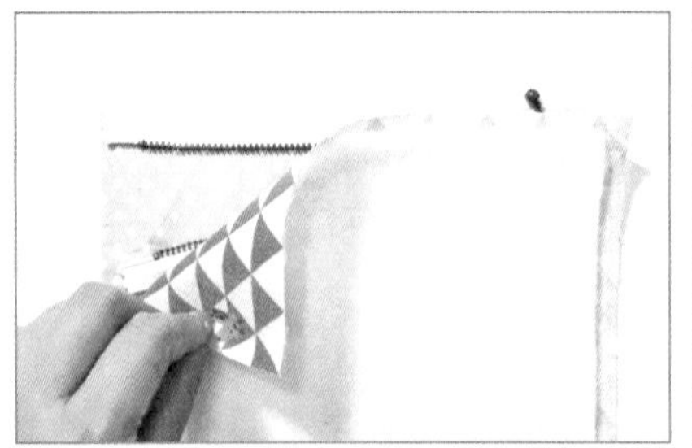

❻ 擺放拉鍊位置，拉鍊正面對外布正面，裡布正面也對著外布正面，依照這樣的位置，開始縫合固定拉鍊。

❼ 縫合拉鍊時，記得換上拉鍊壓布腳。

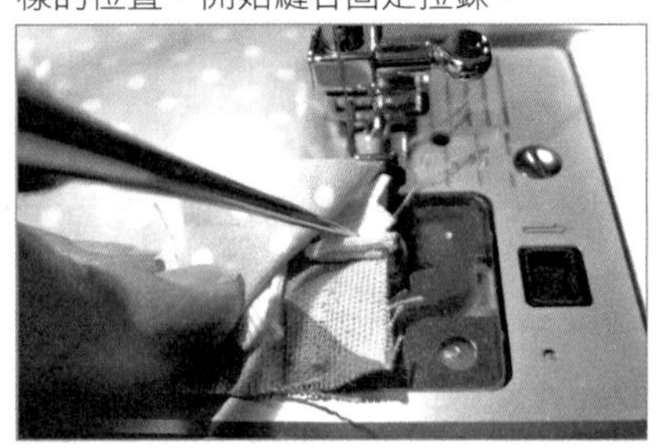

❽ 記得反摺拉鍊頭、尾布片。

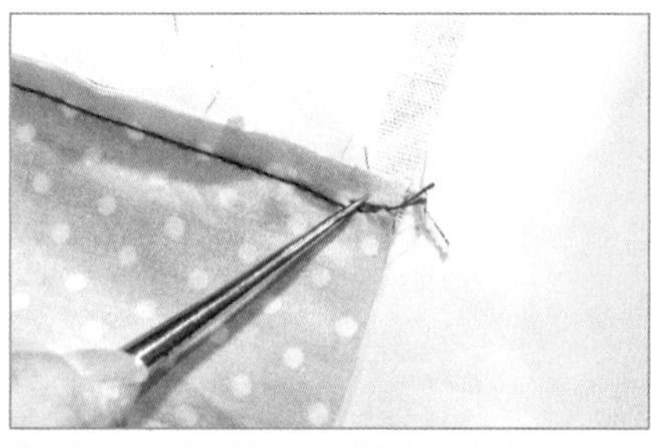

❾ 將反面的所有縫份導向外布方向。

❿ 從正面接近拉鍊約 0.2 公分縫一條線，固定反面的縫份。

⓫ 上圖是縫線後的外觀，另一邊拉鍊做法相同。

⓬ 拉鍊都固定完成。

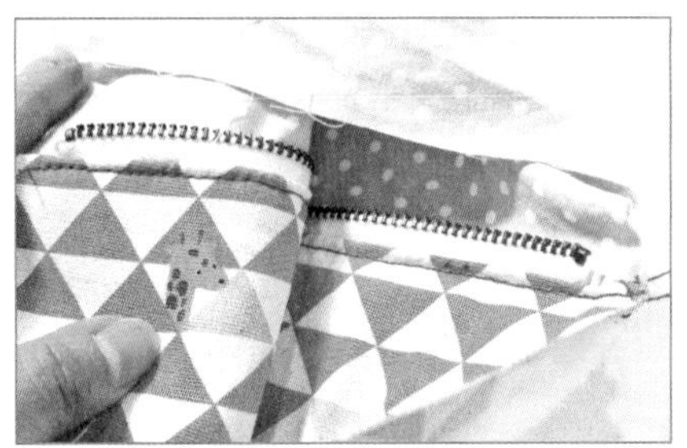

⓭ 拉鍊邊縫線也都縫合了。

縫合袋身兩側

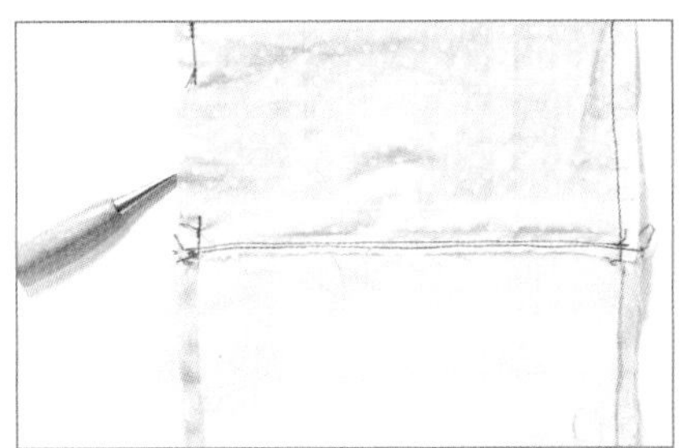

⓮ 縫合袋側，並在裡袋袋側預留返口，如圖中錐子部位。

⓯ 翻到正面，縫合返口即成。

不用打版，輕鬆就能完成的拉鍊包，其實只要掌握「拉鍊長度」這個重點，就能上手，以後要做筆袋、零錢包、化妝包都難不倒你了！若再結合 p.23 的抓底做法，你的拉鍊包就有更多的變化，動手試試看吧！

Part 1
新手入門包
Elementary

用完成時間區分，你想做哪一款？

★☆☆ 3 小時製作

★★☆ 4～8 小時製作

★★★ 1 天製作

用裁片數量區分，你想做哪一款？

●○○ 1～5片裁片

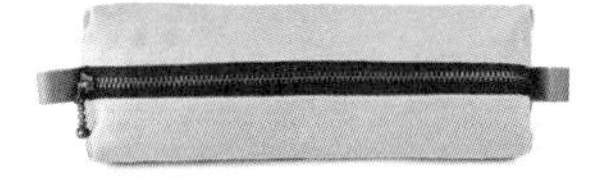

●●○ 6～9片裁片

●●● 10片裁片以上

裝書袋
Cotton Canvas Book Bag

no.01 + 做法 p.78~79

剪裁兩條皮肩帶，
搭配原色胚布袋，
簡簡單單。

在晴天的午後，
裝一本書、
一本筆記，
在咖啡店享受悠閒，
或是散步在林蔭小徑，
輕輕鬆鬆。

大尺寸的帆布提袋，
裡面還有小暗袋，
可收納很多物品。
手提累了，
那就肩背吧！
可調整的肩背帶，
幫你減輕重量。

no.02 + 做法 p.80~81

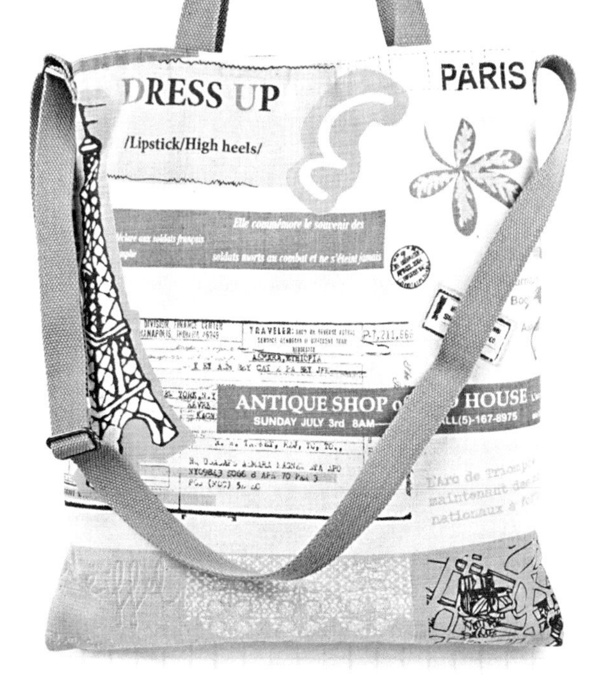

雙蓋口袋平口背包

Double Pocket Backpack

no.03 + 做法 p.82~83

旅行購物時，
是不是常覺得口袋不夠用？
一下子要拿手機，
一下子要拿錢包，
包包頻頻打開再闔上非常不方便。
這個有兩個大口袋的拉鍊背包，
解決了以上的問題，
而且很輕便！

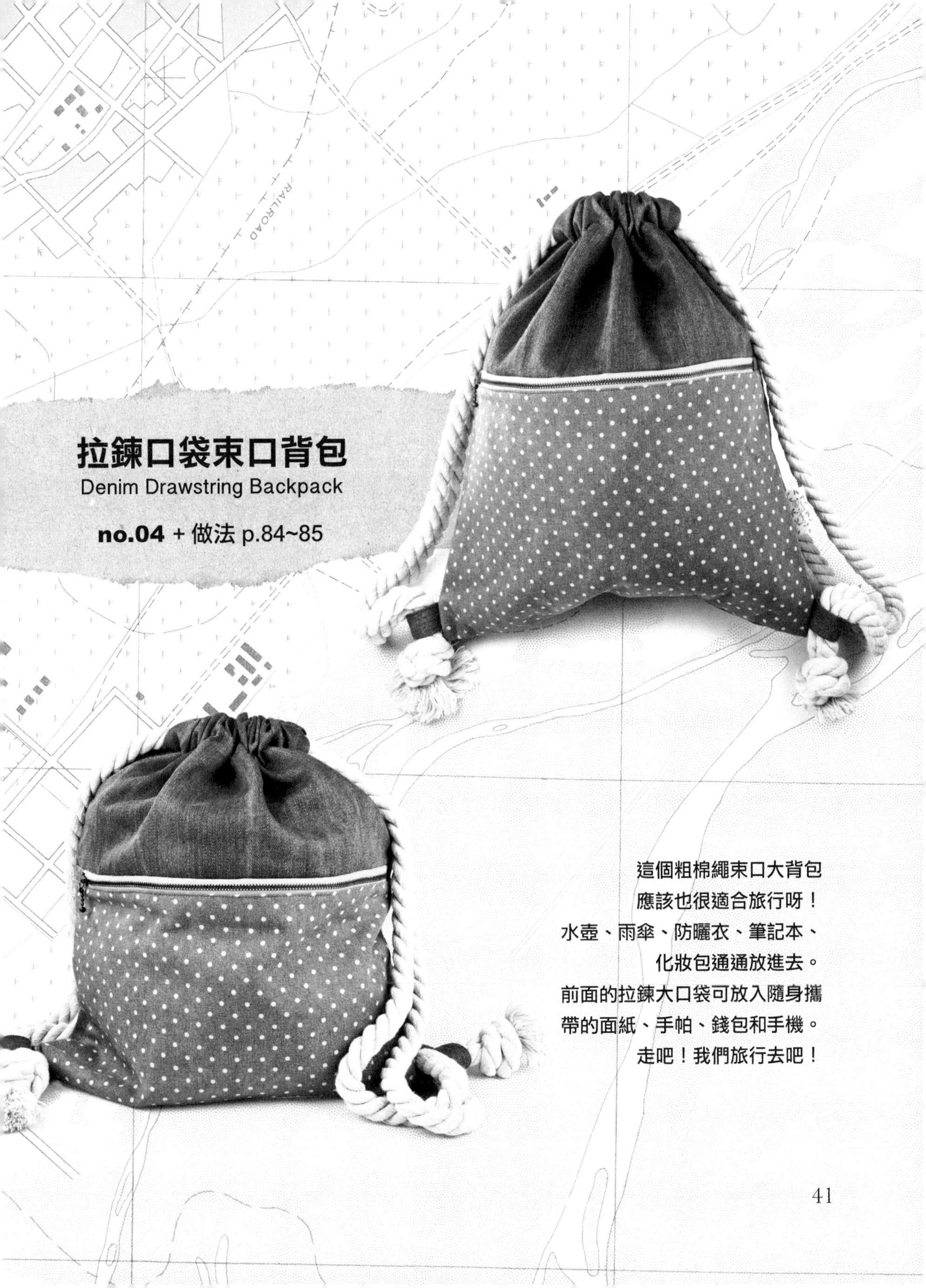

拉鍊口袋束口背包

Denim Drawstring Backpack

no.04 + 做法 p.84~85

這個粗棉繩束口大背包
應該也很適合旅行呀！
水壺、雨傘、防曬衣、筆記本、
化妝包通通放進去。
前面的拉鍊大口袋可放入隨身攜
帶的面紙、手帕、錢包和手機。
走吧！我們旅行去吧！

束口袋

Stripes Drawstring Bag

no.05 + 做法 p.86~87

你是黑色控嗎？
全黑似乎有點沉重，不妨搭配條紋試試。
黑與條紋呈現的魔幻氛圍，
彷彿要跳進兔子洞，
去仙境的花園裡喝下午茶！
在皮革與布料搭配的束口袋裡，
裝入自己的小祕密吧！

腕帶手拿包

Stripes Clutch Bag

no.06 + 做法 p.88~89

不想背沉甸甸大包包，那麼換個手拿包吧！縫上腕帶的手拿包，
手拿與手提皆可，既方便又實用！

文具袋

Canvas Stationery Bag

no.07 + 做法 p.90~91

左右的手握耳便於拉開拉鍊，
平開的拉鍊文具袋口，
可平穩地放在桌面上，
方便拿取文具。
這款文具袋做法超簡單，
即使是新手也不會失敗！

倘若沒有皮革，
左右的手握耳也可以用織帶、
或者跟袋身一樣的布片取代唷！

束口便當袋

Lunch Drawstring Bag

no.08 + 做法 p.92~93

總是無法完美車縫拉鍊，
但又很想擁有一個堅固，
物品不會掉出來的包包嗎？
這款束口便當袋絕對是最佳選擇。
有了它你會發現，
包袋口不是只有拉鍊設計，
也能以束口形式製作。
動點巧思，你就是生活大師！！

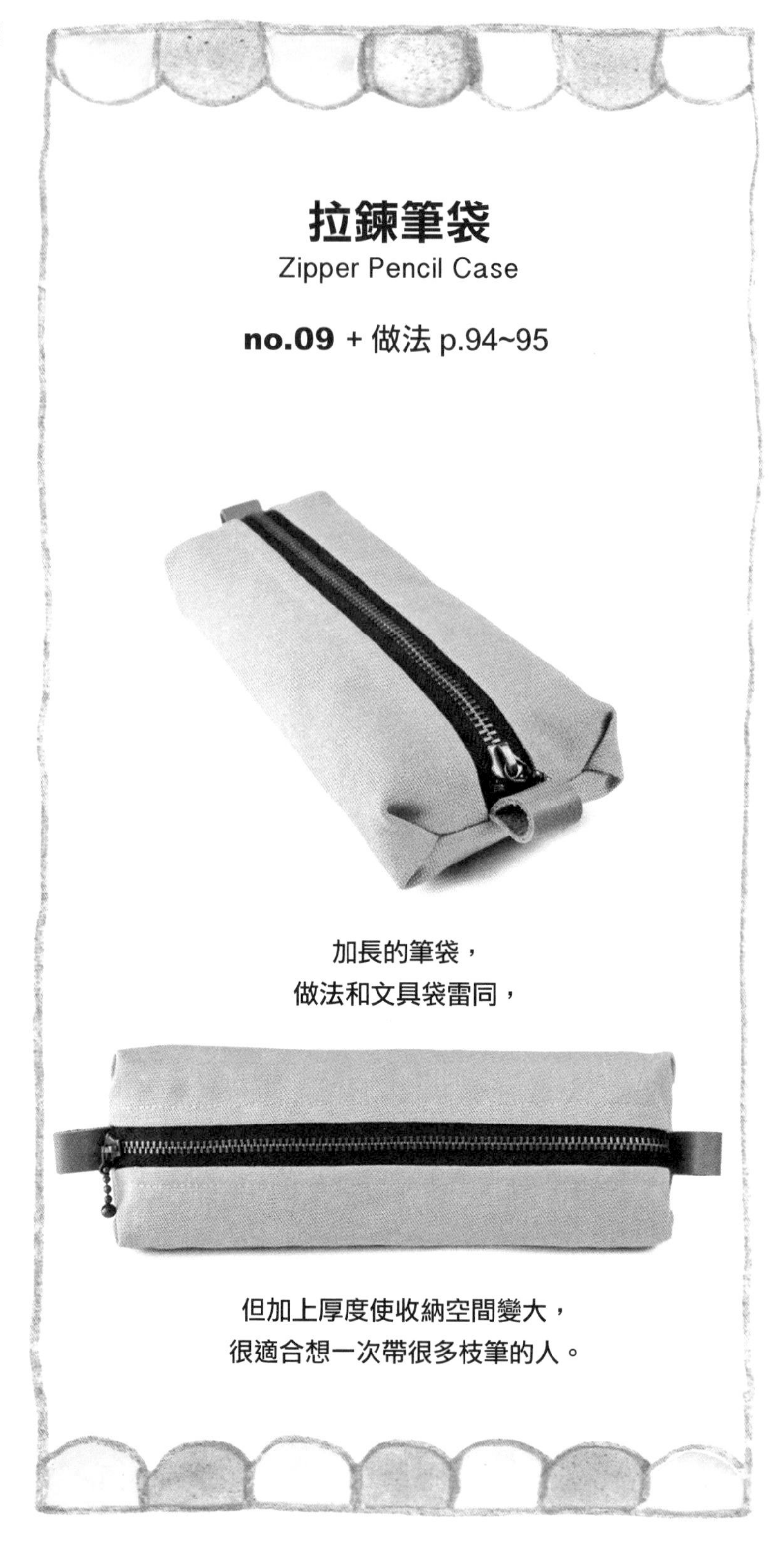

拉鍊筆袋

Zipper Pencil Case

no.09 + 做法 p.94~95

加長的筆袋，
做法和文具袋雷同，

但加上厚度使收納空間變大，
很適合想一次帶很多枝筆的人。

船形化妝包

Pillow Type Cosmetic Pouch

no.10 + 做法 p.96~97

化妝品、醫藥、隨身小物……
女生總是需要攜帶很多物品外出。

建議做一個適合自己尺寸的化妝包，
將這些容易四散的小東西乖乖地各就各位！

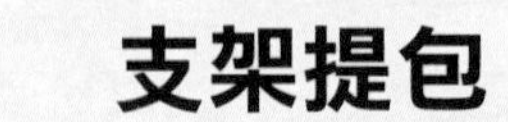

支架提包

ㄇ Type Frame Handbag

no.11 + 做法 p.98~99

我猜你一定在尋找
一個設計簡單、
輕便好帶的小提包。

只要能放入手機、皮夾、
零錢包等隨身物品，
便能一提，
輕鬆就出門的包包。
介紹你這一款支架口金提包，
相信絕對能符合你的需求。

L 型拉鍊筆袋

L Type Frame Pen Case

no.12 + 做法 p.100~101

這款筆袋很適
合收納鋼筆，
你覺得呢？

兩用袋

Two Way Tote Bag

no.13

+ 做法 p.102~103

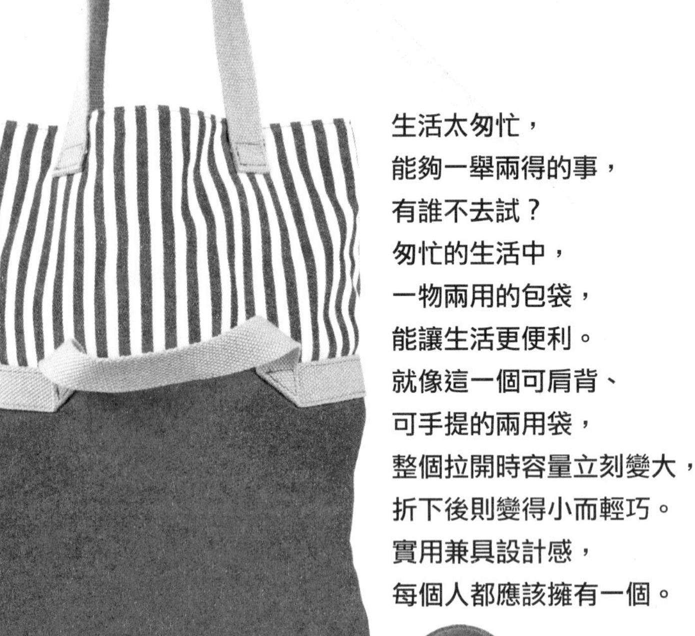

生活太匆忙，
能夠一舉兩得的事，
有誰不去試？
匆忙的生活中，
一物兩用的包袋，
能讓生活更便利。
就像這一個可肩背、
可手提的兩用袋，
整個拉開時容量立刻變大，
折下後則變得小而輕巧。
實用兼具設計感，
每個人都應該擁有一個。

托特包

Tote Bag

no.14

+ 做法 p.104~105

大口袋背包

Big Pocket Backpack

no.15

+ 做法 p.106~107

可簡單扣合的大口袋背包，
不僅小朋友背起來可愛，
也很適合成人使用。
當孩子背著口袋背包，
媽媽提著托特包，
朝氣蓬勃的同色系搭配，
是最佳的親子裝扮。

Part 2
挑戰進階包
Advanced

用完成時間區分，你想做哪一款？

★☆☆ 3 小時製作

★★☆ 4～8 小時製作

★★★ 1 天製作

用裁片數量區分，你想做哪一款？

●○○ 1～5 片裁片

●●○ 6～9 片裁片

●●● 10 片裁片以上

大弧底肩背包

Round shoulder
Volume Bag

no.16 + 做法 p.108~109

PU 仿皮質感提把，
搭配帆布袋身，
營造出一股優雅的氛圍。
當你不想使用真皮皮件時，
PU 皮是不錯的選擇！

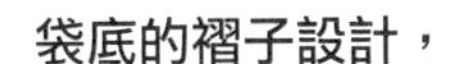

袋底的褶子設計，
讓包身呈現出蓬鬆感。
所以只要選用稍微厚的棉布，
搭配硬挺的內裡布即可製作。
別小看這個泡芙包的容量，
因為這個獨特的褶子設計，
讓包包變化出更大的容量！

泡芙包
Pleated Puff Handbag

no.17 + 做法 p.110~111

弧底托特包

Round Tote Bag

no.18

+ 做法 p.112~113

這款袋口加了拉鍊的托特包，
優點是可避免袋內的物品掉出。
做法不難，但是需要花點時間。
此外，皮製的肩背提把，
也可以用布料或織帶代替。

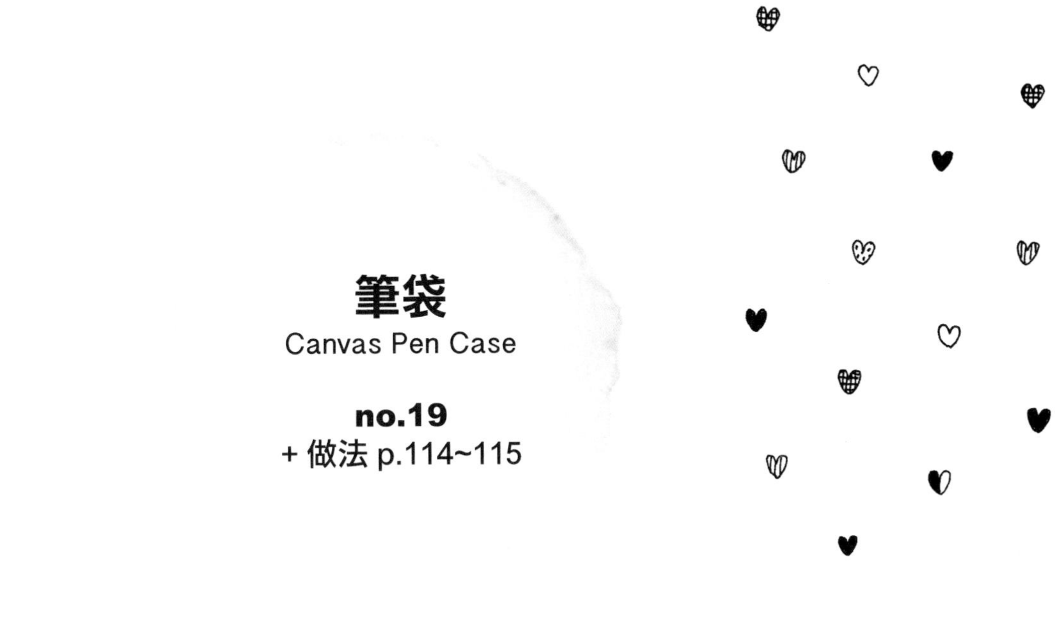

筆袋

Canvas Pen Case

no.19

+ 做法 p.114~115

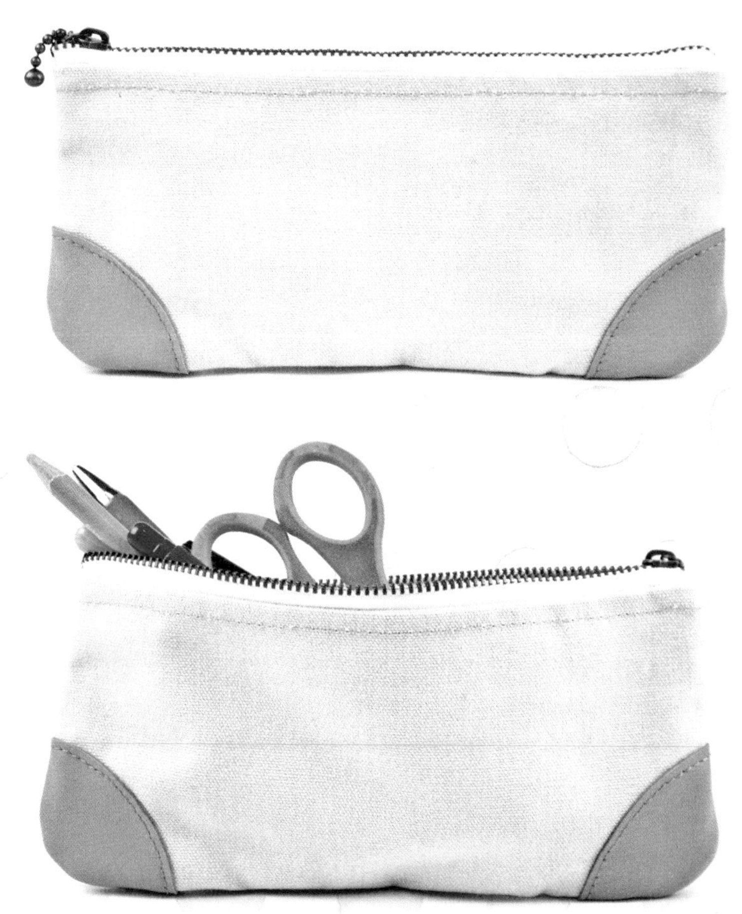

有袋底包角的筆袋顯得更耐用，

同時更提升質感。皮革包角若嘗試以不織布取代，成品更別具風格！

午餐袋

Lunch Tote Bag

no.20 + 做法 p.116~117

你是否曾有背著大包在狹窄的餐廳用餐的慘痛經驗？
為了避免這種情況，我習慣在大包包中，
另外放入一個小袋。
午休時刻外出用餐，
只要將錢包和手機放入小袋中就能帶著走。
到哪兒吃飯都方便！

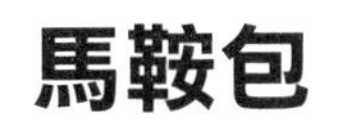

馬鞍包

Canvas Saddle Bag

no.21 + 做法 p.118~119

中型尺寸的馬鞍包中加上了暗袋設計，
兼具美觀與實用，是我最喜歡的實用包款。

手提水壺袋

Water Bottle Pouch

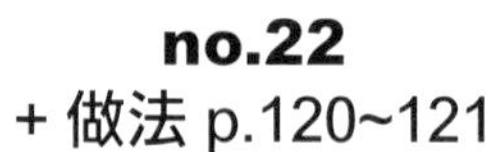

no.22

+ 做法 p.120~121

隨時隨地多喝水，對健康有益處，

減少買飲料的次數，

自己帶飲水，不但省錢也環保。

酒袋包

Wine Tote Bag

no.23

+ 做法 p.122~123

逛書店、買布料時，

帶著這個酒袋包再方便不過。

方正的袋底，很適合裝方形的物品。

尤其是書本、摺疊整齊的布料，

既穩固又好提、好收納。

萬用托特包

All Purpose Tote Bag

no.24 + 做法 p.124~125

立體方形的托特包，
隨自己喜好，什麼東西都能裝，
實用度破表。
加上拉鍊，不僅增添設計感，
還可以避免物品掉出。

梯形書包

Trapezoid School Bag

no.25 + 做法 p.126~127

前後各有一個大口袋，
可卸式肩背帶的設計，
既可手提，也可以斜肩背，
實用又方便。

小方包

Cubic Bag

no.26

+ 做法 p.128~129

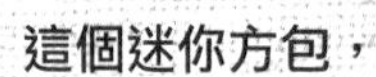

這個迷你方包，
可以放入 iPad mini、
筆袋，
以及化妝包、
零錢包等。
依個人的喜好手提或肩背，
最適合簡便外出時使用。

護肩後背包

Shoulder Pads Backpack

no.27

+ 做法 p.130~132

這款休閒風大容量後背包，
連 13 吋筆電都能輕易放入。
肩背帶的護肩設計，
讓你即使背再重也不會痠痛。
出遠門時就選它吧！

Part 3

生活雜貨

Life Zakka

用完成時間區分，你想做哪一款？

用裁片數量區分，你想做哪一款？

收納盤
Storage Box

no.28 + 做法 p.133

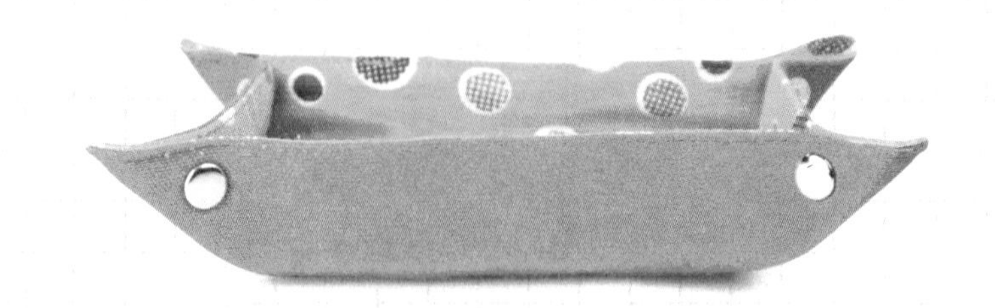

將四角的釦子都扣上時是收納盤，

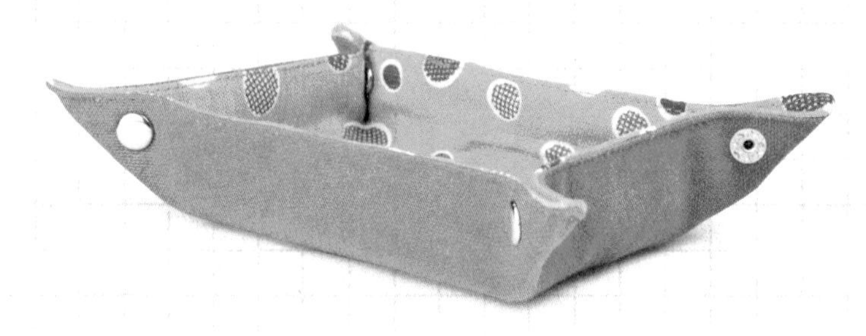

攤平時就變成墊子，
杯墊、鍋墊、花盆墊，隨你喜好！

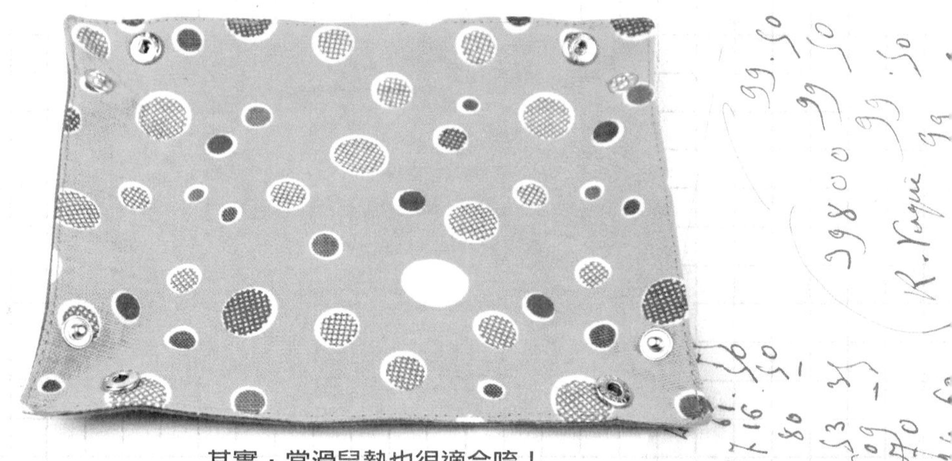

其實，當滑鼠墊也很適合唷！

圓底布筆筒

Round Pen Box

no.29 + 做法 p.134

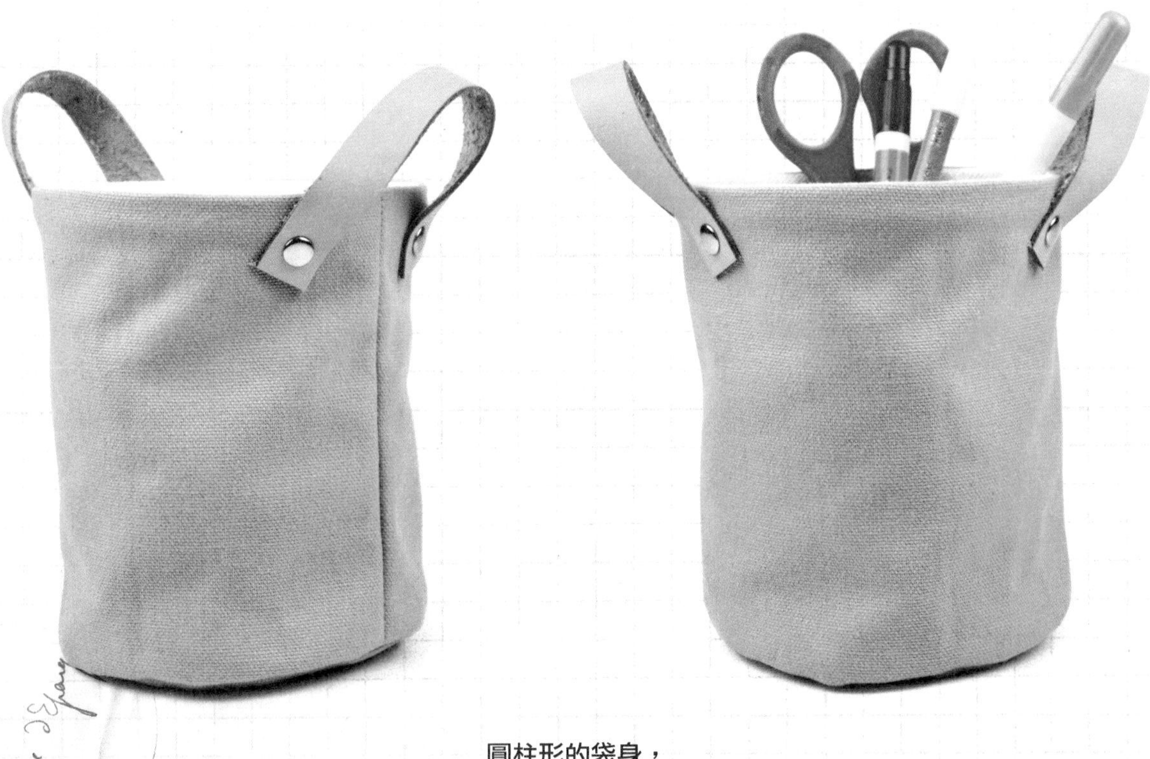

圓柱形的袋身，
袋口部位從內部固定了一圈魚骨（塑形條），
可以保持圓柱造型，不易變形。
除了收納文具，
想放什麼就放什麼吧！

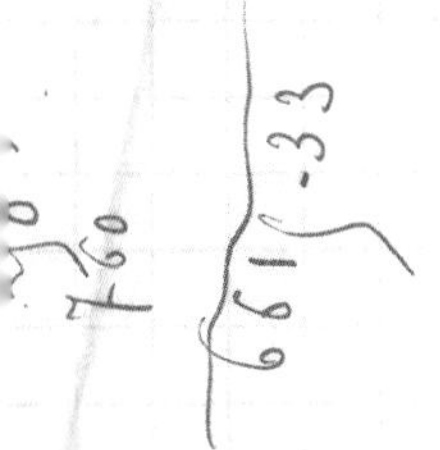

方底小布盒

Canvas Square Box

no.30 + 做法 p.135

有別於 p.69 的圓底布筆筒，
這個小布盒比較矮，
因此不用以魚骨固定，
便能維持方底造型。
做法簡單而且實用，
自用、送禮都適合。
快點動手做幾個，
收納你的裁縫工具吧！

壁掛袋
Wall Storage Pocket

no.31 + 做法 p.136

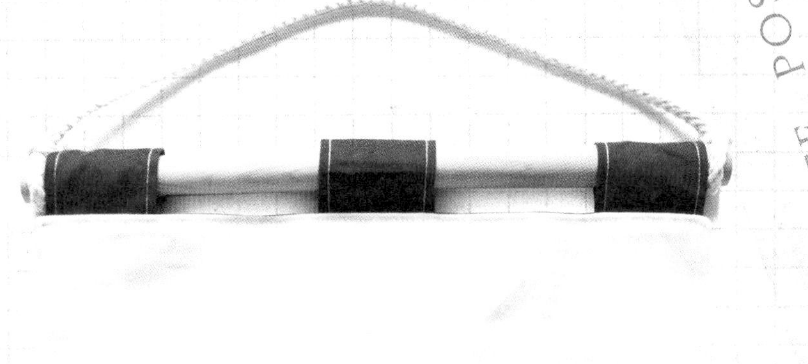

掛在牆上、門上都可以，
收到的信件、這個月的發票、
就隨手放在這裡吧！取用更便利！！

壁掛面紙包

Wall Tissue Box

no.32 + 做法 p.137

牛奶盒造型的壁掛面紙包，
可以掛在椅背、書櫃邊、
桌邊、牆上，
想掛哪裡就掛哪裡，
方便抽取，實用性超高。

工作圍裙
Denim Work Apron

no.33
+ 做法 p.138

拆卸式肩膀皮革帶、
可自由調整的繫腰繩，穿著舒適的實用圍裙。
但是洗滌時要注意，
不防水的皮革肩帶要先拆掉再清洗喔！

鴨舌帽

Denim Peaked Cap

no.34

+ 做法 p.140~141

牛仔布通常反面也可以當正面用，
就像這頂鴨舌帽和 p.75 的漁夫帽，
雖然各是選用了不同顏色、
織紋的牛仔布，

但都一樣運用了同款牛仔布的正、反面。
這頂鴨舌帽顏色的搭配，
便是活用一塊牛仔布的兩面，
深色是布料正面，
淺色則是布料反面。

漁夫帽

Denim Bucket Hat

no.35

+ 做法 p.142~143

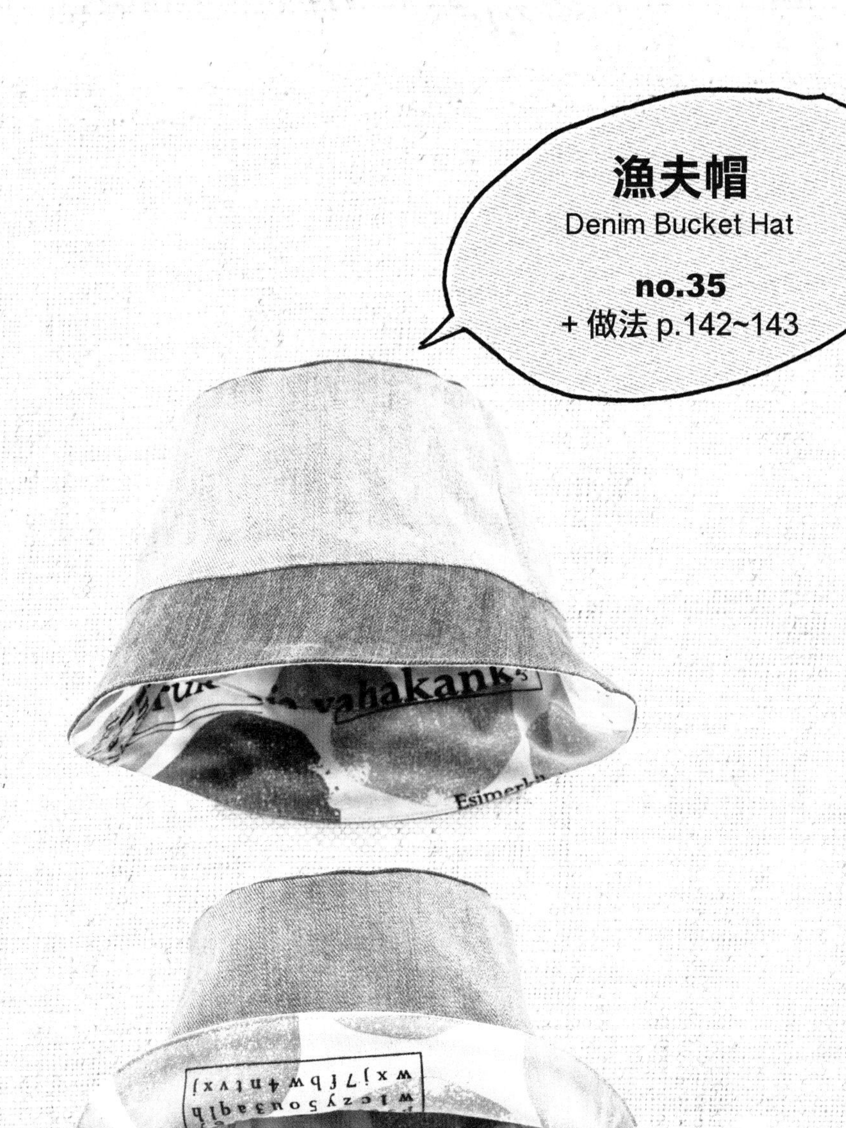

一面選用素色的牛仔布，
另一面搭配不同風格的花布料。
這頂漁夫帽沒有正反面，兩面都可以戴。
今天戴素色面，明天換花色面，隨心所欲！

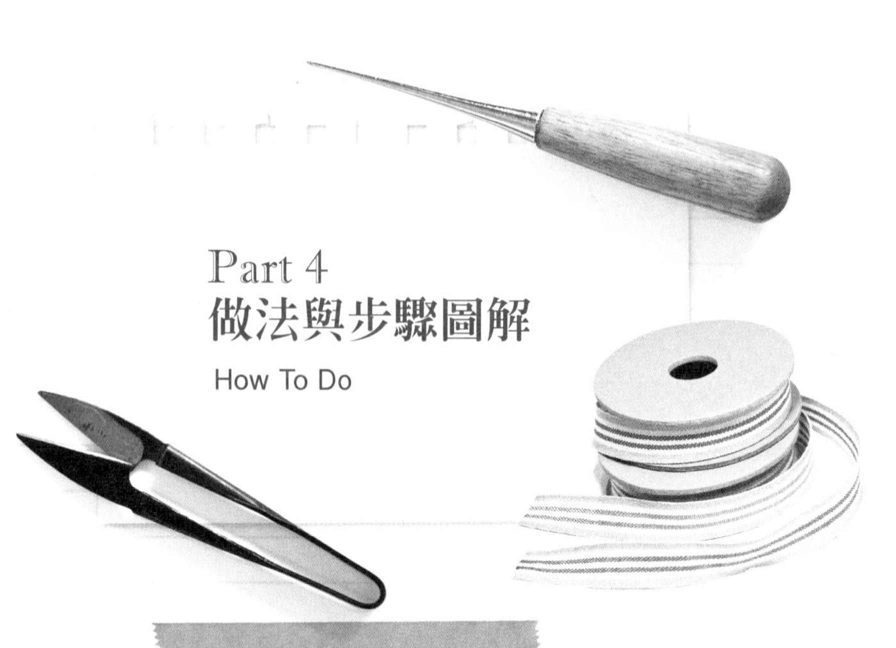

Part 4
做法與步驟圖解
How To Do

步驟圖解目錄

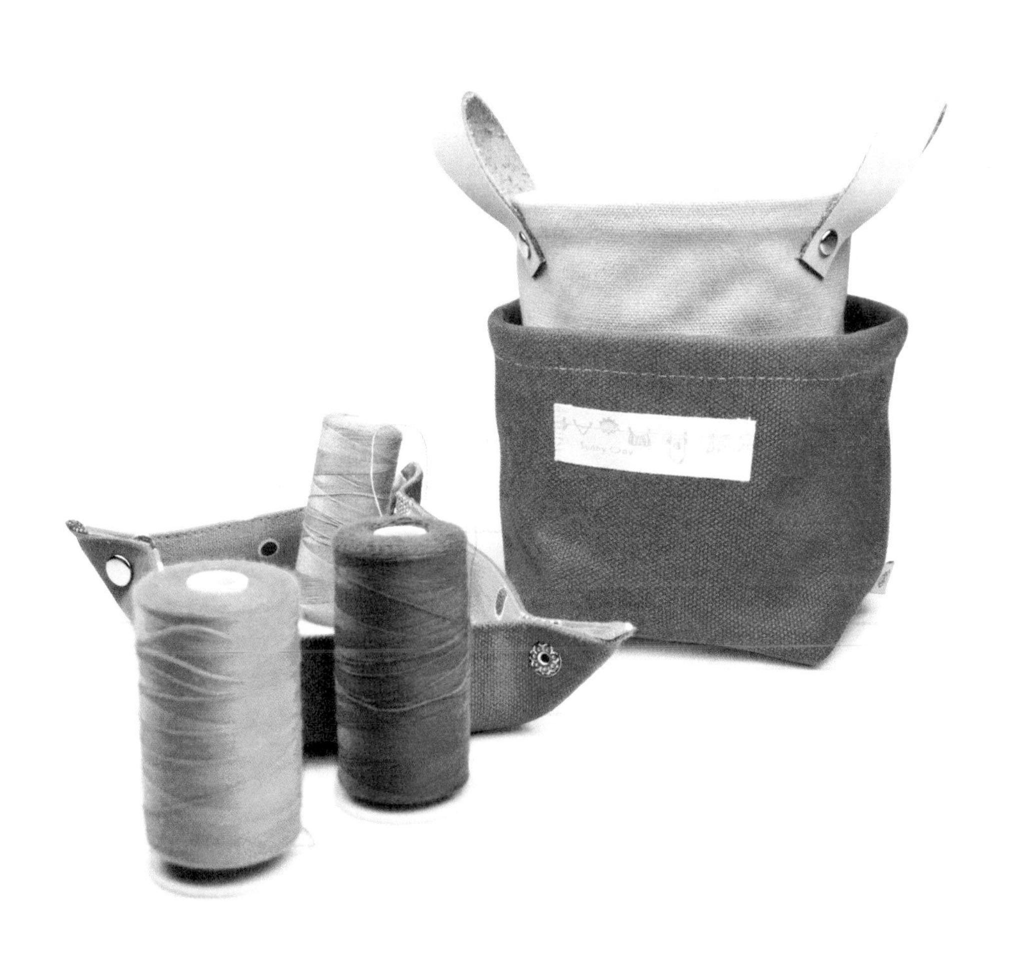

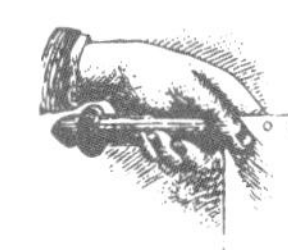

裝書袋

Cotton Canvas Book Bag

紙型檔名 **no.01**

成品尺寸

整體＊寬 27 × 高 30 公分

提把＊總長 52 公分

材料

布料＊寬 110 × 長 30 公分 1 片

皮革提把＊寬 2.5 × 長 60 公分 2 條

排版方式

外布

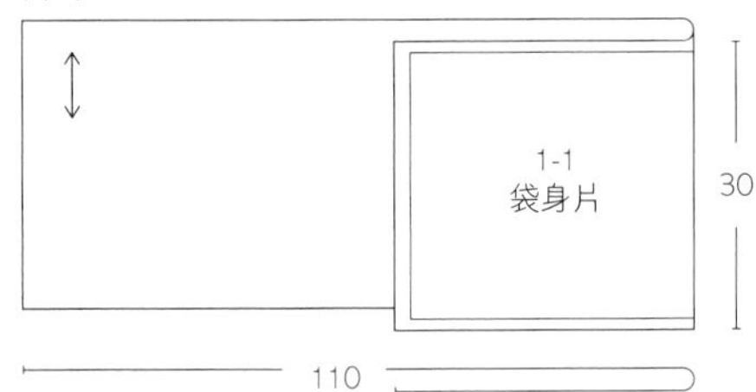

單位：公分

製作步驟

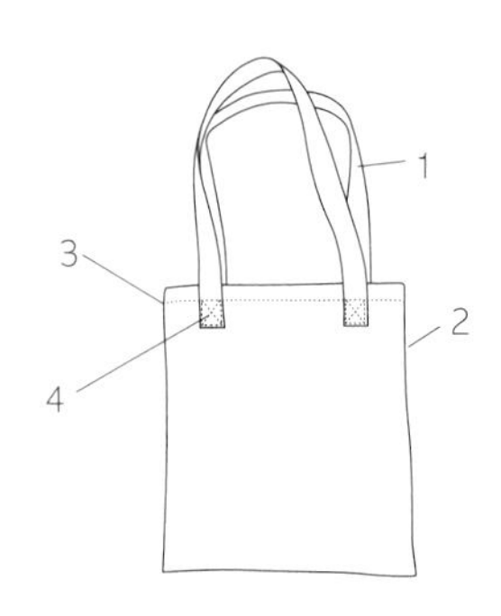

做法

前製作業：裁剪所需的布片，按照紙型中標示的記號，以粉圖筆等在布料上做摺疊所需的記號，再參照以下步驟製作。

1. 裁剪提把：將皮革剪裁成寬 2.5、長 60 公分，共兩條。

2. 縫合袋身：參照 p.21 反摺法製作袋身。

3. 縫合袋口：先將袋口縫份 0.8 公分反摺，距離邊緣 2 公分處再反摺一次，對齊紙型標示「袋口布邊反摺對齊線」後，車縫固定。

4. 固定提把：按照紙型上標示的「提把位置」記號，將兩條皮革提把分別與袋口兩邊車縫固定即完成。

做法圖解

2. 縫合袋身

將袋身正面朝外，對摺。

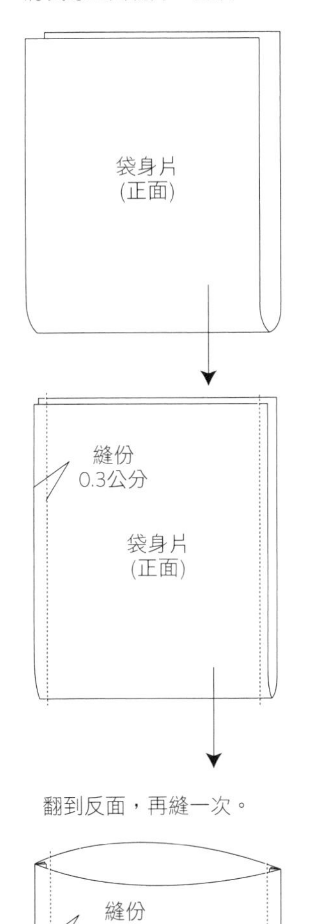

翻到反面，再縫一次。

縫份
0.5公分
袋身片
(反面)

＊縫份反摺法參照 p.21

3. 縫合袋口

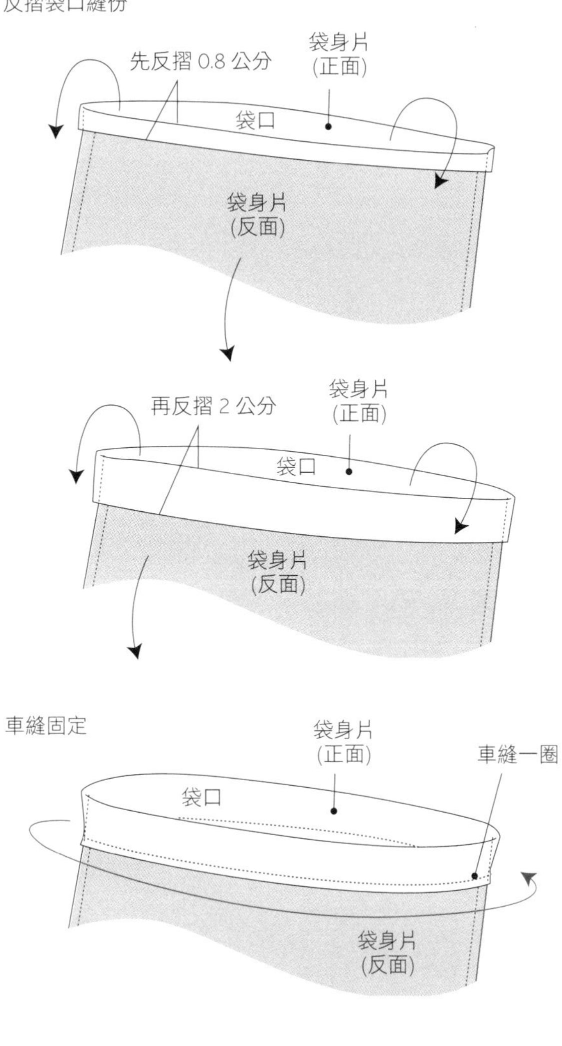

單肩手提兩用包

Dual-Use Package

紙型檔名 **no.02**

成品尺寸

整體＊寬 34 × 高 38 公分

提把＊總長 44 公分

可調式肩背帶＊總長 112 公分

材料

布料＊寬 110 × 長 60 公分 1 片

提把織帶＊寬 2.5 × 長 44 公分 2 條

肩背織帶＊寬 2.5 × 長 114 公分 1 條

方形環耳織帶＊寬 2.5 × 長 10 公分 1 條

日形環＊內徑寬 2.5 公分 1 組

方形環＊內徑寬 2.5 公分 1 組

磁釦＊直徑 1.2 公分 1 組

排版方式

外布

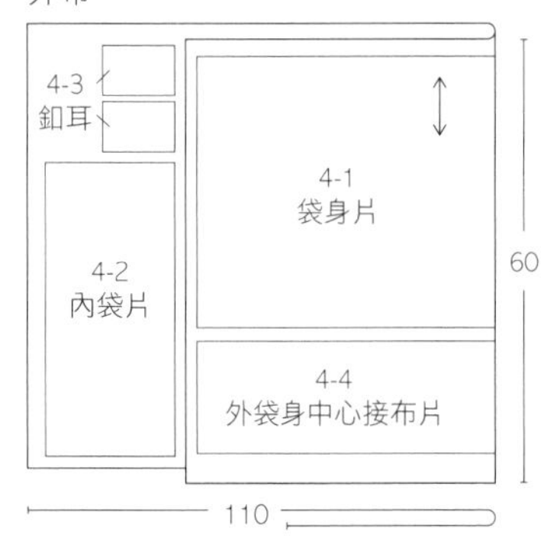

單位：公分

製作步驟

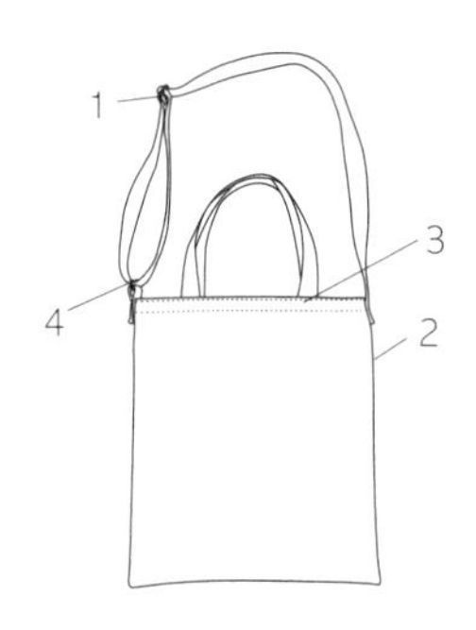

做法

前製作業：裁剪所需的布片，按照紙型中標示的記號，以粉圖筆等在布料上做摺疊所需的記號，再參照以下步驟製作。

1. 製作肩背帶：參照 p.29，先將剪好長度的織帶做成可調整的肩背帶。

2. 縫合袋身：參照 p.21 反摺法製作袋身。

3. 製作釦耳：將釦耳布片對摺兩次，車縫成型。

4. 縫合袋口與提把、釦耳、內袋：先縫合內袋，再將提把織帶與釦耳、內袋依照紙型標示位置固定；袋口縫份 0.8 公分反摺，再依照紙型「對摺線」，將袋口反摺車縫固定。

5. 固定肩背帶與方環耳：將兩者按照紙型上標示的「肩背袋位置」、「方環耳織帶位置」記號對應好，車縫固定即完成。

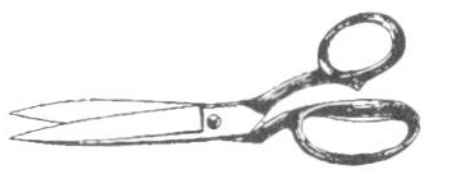

做法圖解

2. 縫合袋身

＊按紙型標記摺疊

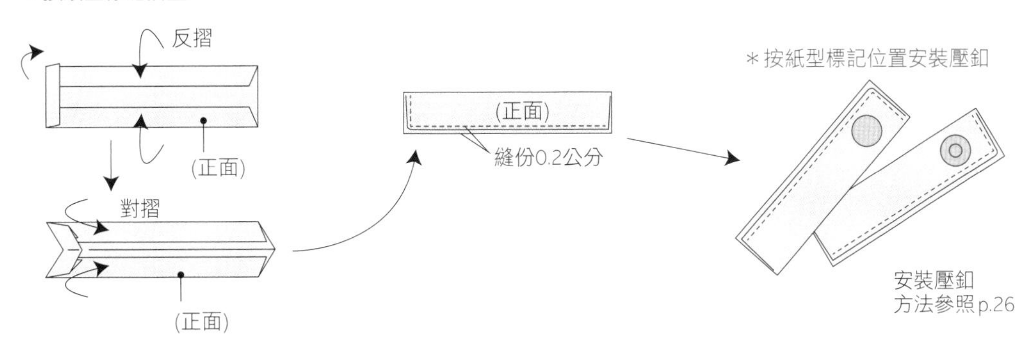

4. 縫合袋口與提把、釦耳、內袋

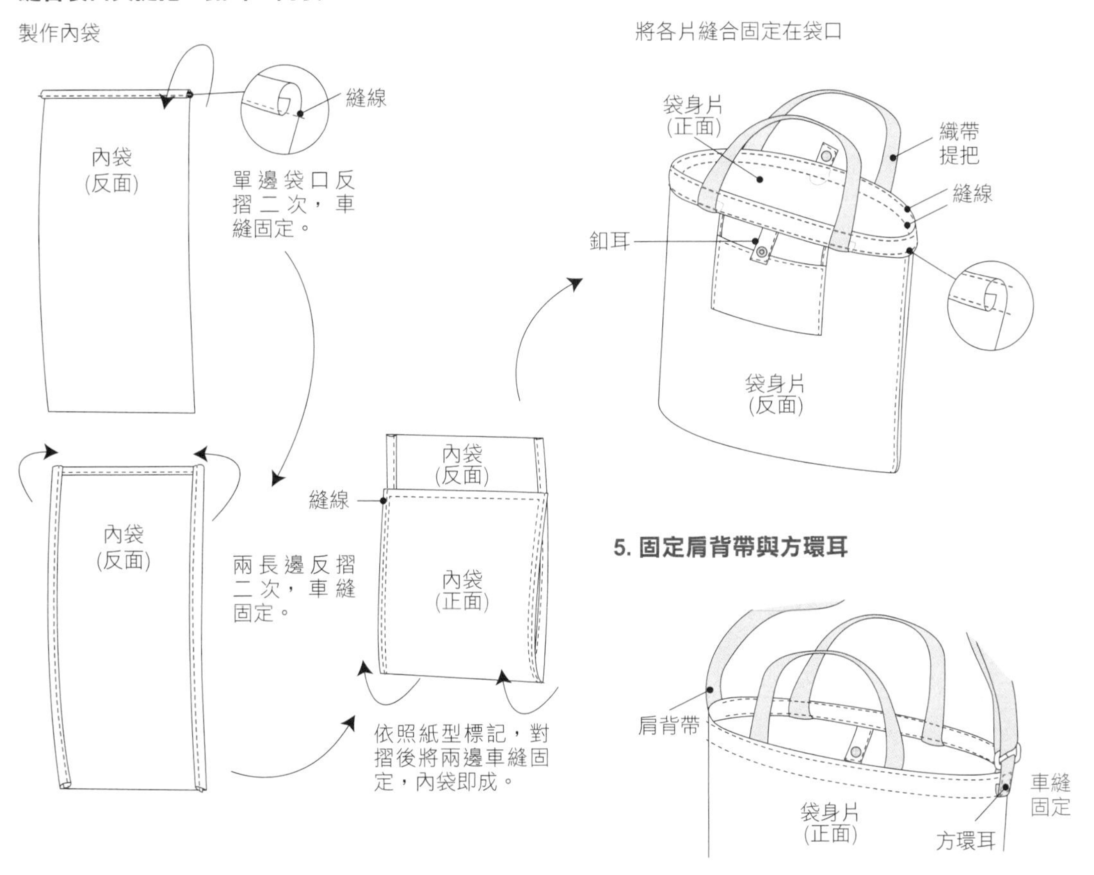

5. 固定肩背帶與方環耳

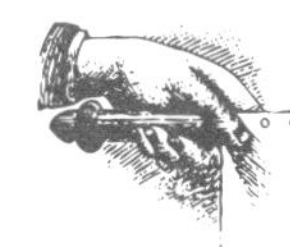

雙蓋口袋平口背包
Double Pocket Backpack

紙型檔名 **no.03**

成品尺寸

整體＊寬 27.5 × 高 33.5 公分
提把＊總長 28 公分
可調式肩背帶：總長 110 公分

材料

外布 A ＊寬 60 × 長 50 公分 1 片
外布 B ＊寬 40 × 長 30 公分 1 片
外布 C ＊寬 35 × 長 10 公分 1 片
提把織帶＊寬 2.5 × 長 29 公分 2 條
袋口裝飾織帶＊寬 2.5 × 長 30 公分 2 條
肩背織帶＊寬 2.5 × 長 110 公分 2 條
拉鍊＊長 28 公分 1 條
D 形環織帶＊寬 2.5 × 長 5 公分 3 條
袋蓋人織帶＊寬 2 × 長 16 公分 2 條
包邊用人織帶（袋身）＊寬 2 × 長 99 公分 1 條
包邊用人織帶（袋口拉鍊）＊寬 1 × 長 30 公分 2 條
日形環＊內徑寬 2.5 公分 2 組
問號鉤＊內徑寬 2.5 公分 2 組
撞釘磁釦＊直徑 1.4 公分 2 組

做法

前製作業：裁剪所需的布片，按照紙型中標示的記號，以粉圖筆等在布料上做摺疊所需的記號，再參照以下步驟製作。

1. 製作肩背帶：參照 p.29，先將剪好長度的織帶做成可調整的肩背帶。

製作步驟

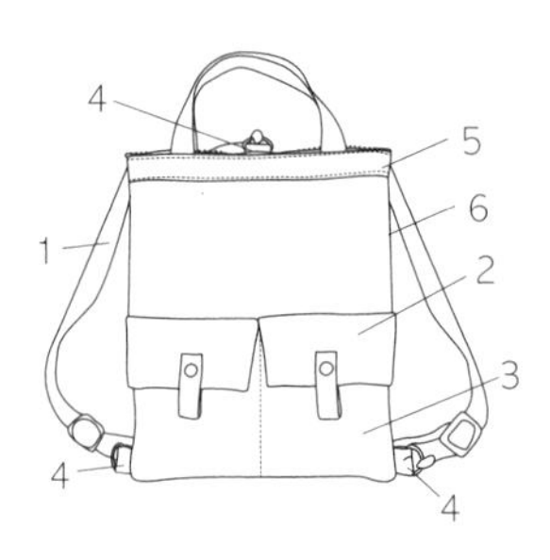

2. 製作口袋蓋：將兩組口袋蓋片車縫成型。

3. 固定口袋與袋蓋：按照紙型標記，對應布片位置，將口袋蓋與口袋分別固定在相對位置上。

4. 固定袋口拉鍊：先將拉鍊車縫固定在袋口，參照 p.24，使用人織帶將內部拉鍊布邊車縫固定。

5. 固定 D 形環織帶、提把和袋口裝飾織帶：將三條長 5 公分的織帶分別套上 D 形環後對摺，並且將兩條織帶提把，皆按照紙型標記，分別固定在袋口、袋底兩側，再將袋口裝飾織帶車縫在緊鄰拉鍊的袋口處，覆蓋提把與 D 環耳縫份。

6. 縫合袋身兩側：將袋身正面朝內，從裡面車縫兩側，然後參照 p.20 布邊縫份的修飾即完成。

排版方式

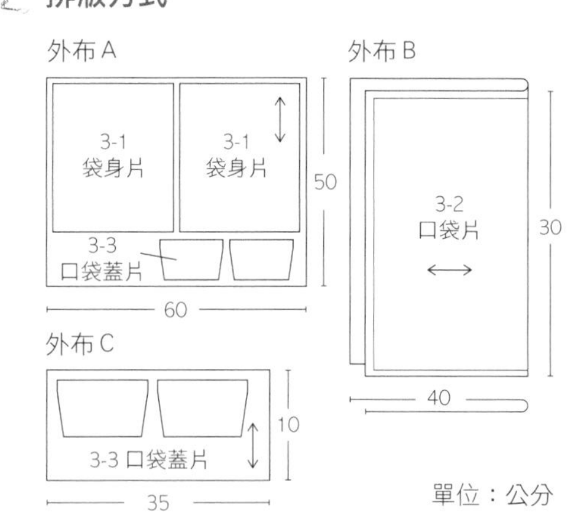

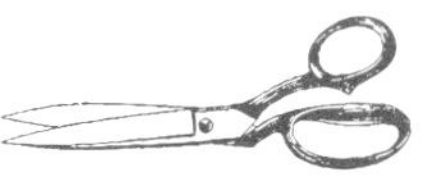

做法圖解

2. 製作口袋蓋

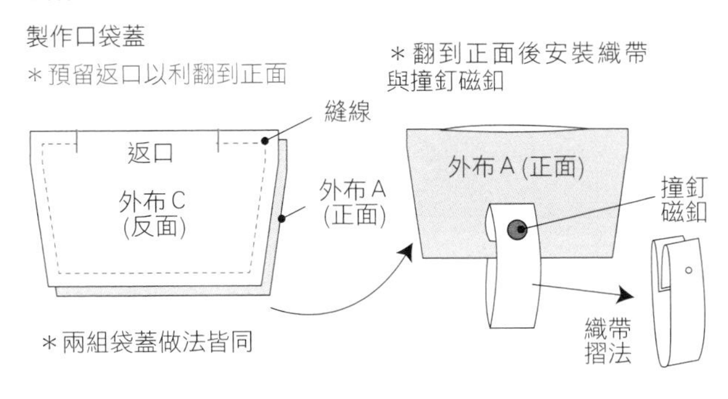

3. 固定口袋與袋蓋

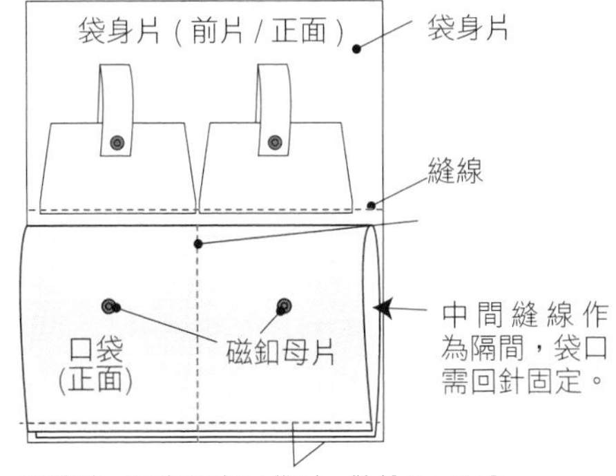

5. 固定 D 形環織帶、提把和袋口裝飾織帶

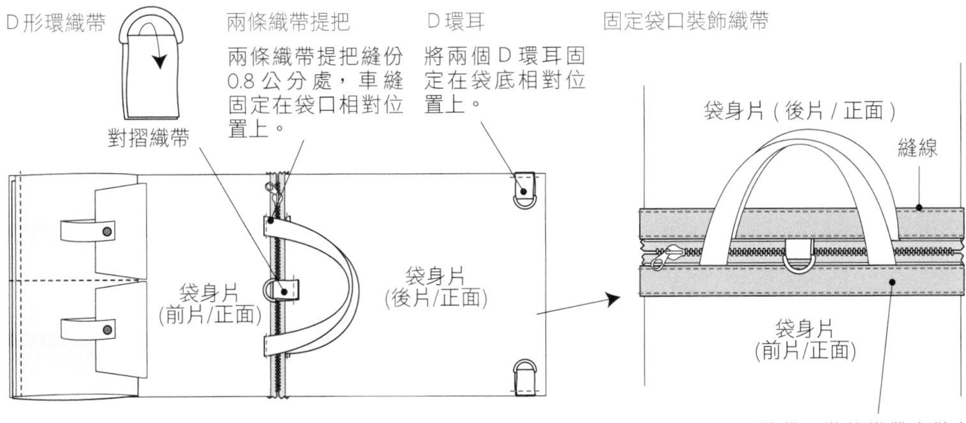

6. 縫合袋身兩側

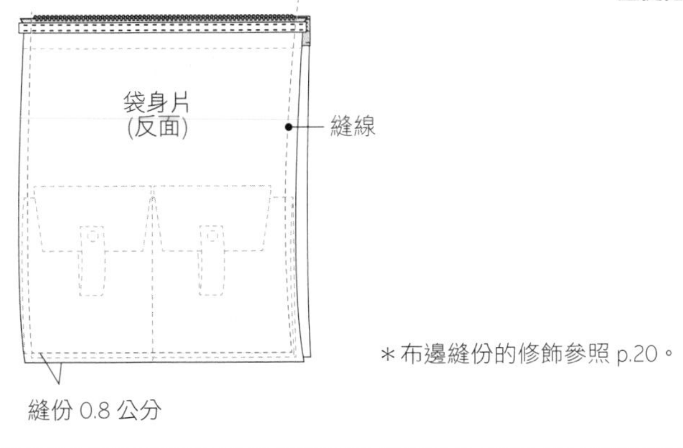

＊布邊縫份的修飾參照 p.20。

拉鍊口袋束口背包

Denim Drawstring Backpack

紙型檔名 **no.04**

成品尺寸

整體＊寬 29.5 × 高 46.5 公分

可調式束口肩背帶＊總長 45 公分

材料

外布 A ＊寬 100 × 長 60 公分 1 片

外布 B ＊寬 45 × 長 30 公分 1 片

裡布＊寬 90 × 長 75 公分 1 片

束口棉繩＊直徑粗 2 × 長 180 公分 2 條

拉鍊＊長 35 公分 1 條

包邊用人織帶（拉鍊）＊寬 1 × 長 42 公分 1 條

排版方式

外布 A

裡布

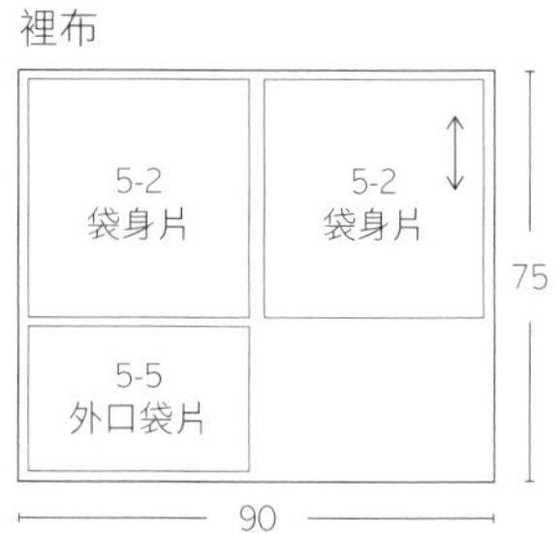

外布 B

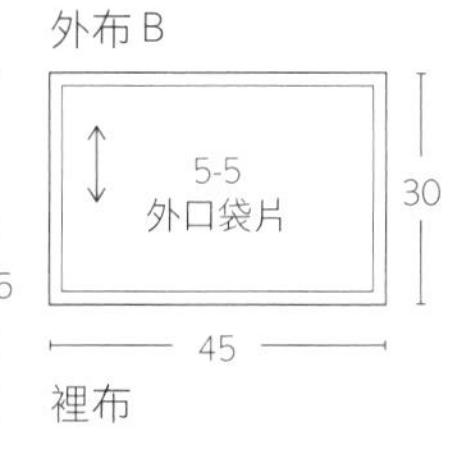

裡布

單位：公分

製作步驟

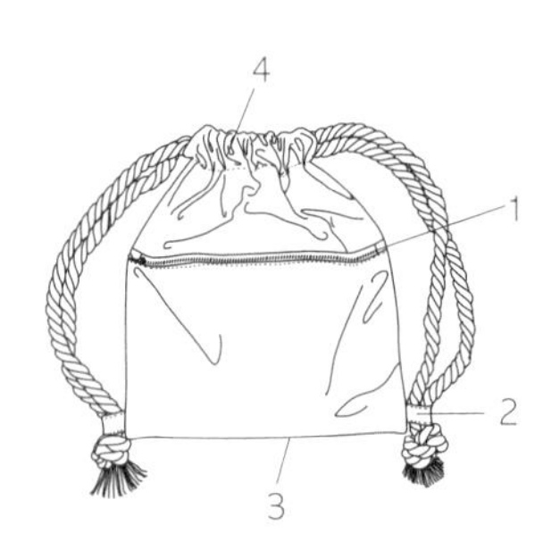

做法

前製作業：裁剪所需的布片，按照紙型中標示的記號，以粉圖筆等在布料上做摺疊所需的記號，再參照以下步驟製作。

1. 固定外口袋片與拉鍊、拉鍊襠布：先將兩片拉鍊襠布對摺，車縫固定在拉鍊頭尾兩端，再與外口袋片裡、外布車縫後，固定在外袋身片正面。

2. 製作束繩耳：將兩片束繩耳分別反摺長邊 0.8 公分布邊後車縫固定，對摺後按紙型標記位置，固定在袋身底部。

3. 製作袋身：分別將裡、外袋身片各自車縫成袋，再將正面朝內的外袋口和正面朝外的裡袋口車縫固定，從裡袋預留的返口翻到正面。

4. 安裝束繩：在袋口約 6 公分處車縫一圈，穿入束繩即完成。

做法圖解

1. 固定外口袋片與拉鍊、拉鍊檔布

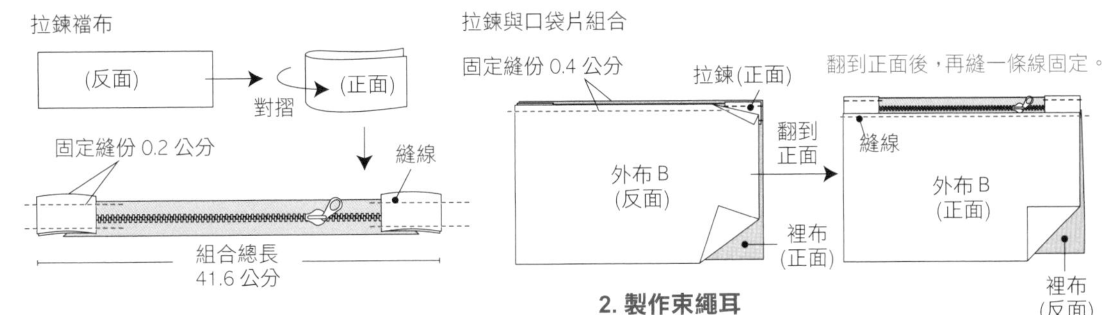

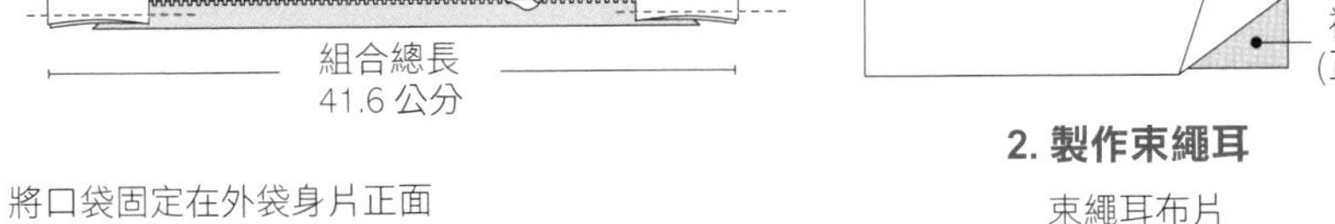

2. 製作束繩耳

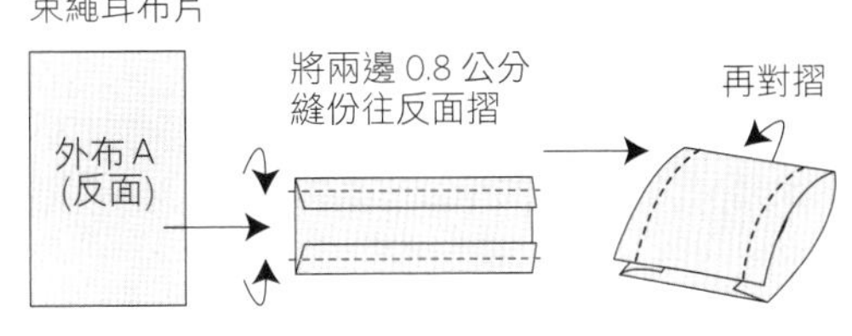

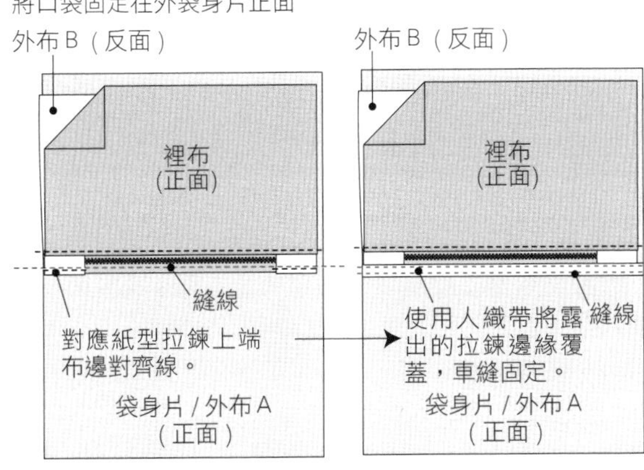

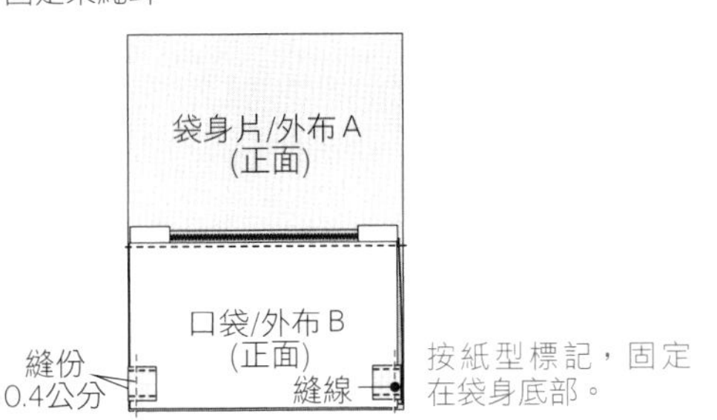

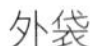

3. 製作袋身

分別將裡、外袋身片各自車縫成袋

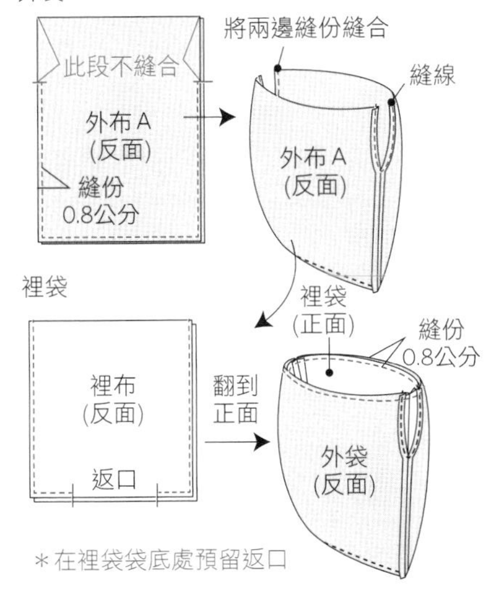

4. 安裝束繩

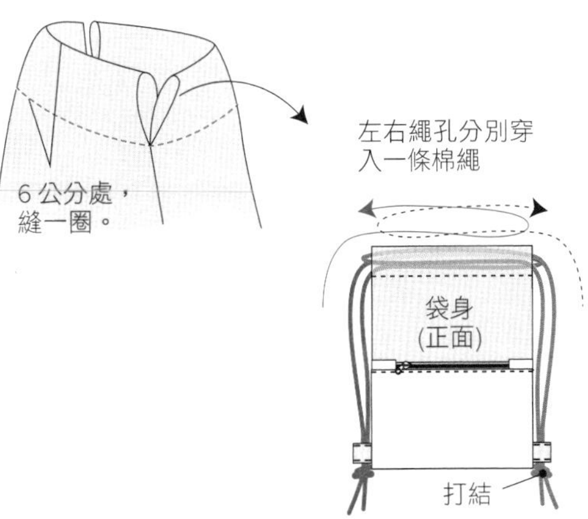

束口袋

Stripes Drawstring Bag

紙型檔名 no.05

成品尺寸

整體＊寬 25 × 高 16 公分

材料

外布 A ＊寬 45 × 長 30 公分 1 片

皮革＊寬 20 × 長 20 × 厚 0.1 公分 1 片

裡布＊寬 45 × 長 45 公分 1 片

束口棉繩＊直徑粗 0.3 × 長 44 公分 2 條

排版方式

外布 A

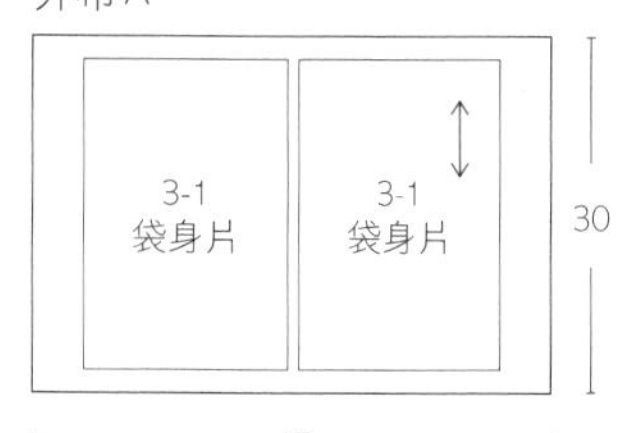

皮革

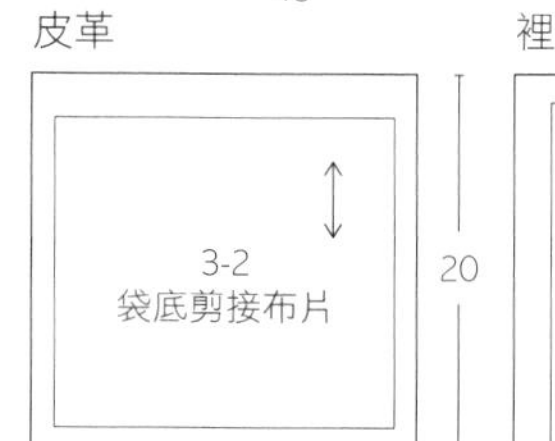

裡布

3-3 袋身片　3-3 袋身片

45

45

單位：公分

製作步驟

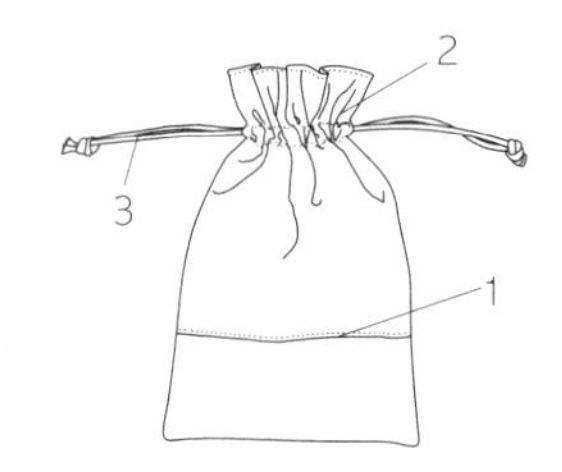

做法

前製作業：裁剪所需的布片，按照紙型中標示的記號，以粉圖筆等在布料上做摺疊所需的記號，再參照以下步驟製作。

1. 縫合裡、外袋身：分別將裡、外袋身片、袋底片縫成袋型，在外袋身兩側預留束口繩入口。

2. 袋身成型：外布袋套入正面朝內的裡布袋，按照紙型標記，將外布袋往內反摺袋口後縫合。

3. 安裝束口繩：裝上束口繩，縫合內裡返口即完成。

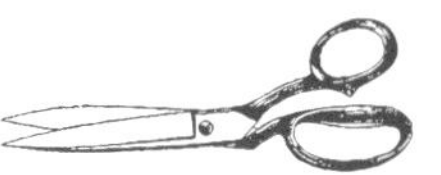

做法圖解

1. 縫合裡、外袋身

接合外布A、皮革袋底剪接布片

裡布袋的做法

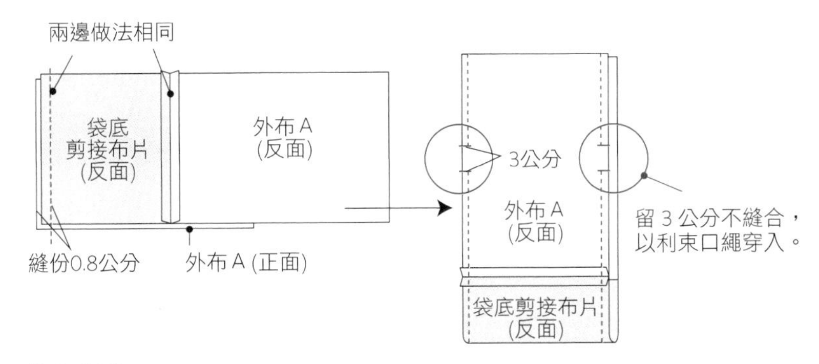

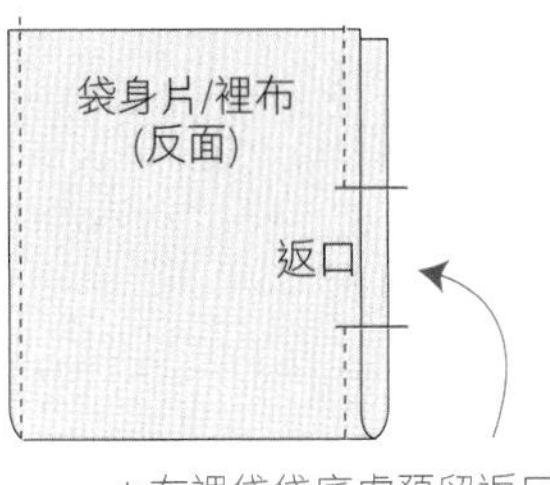

＊在裡袋袋底處預留返口

2. 袋身成型

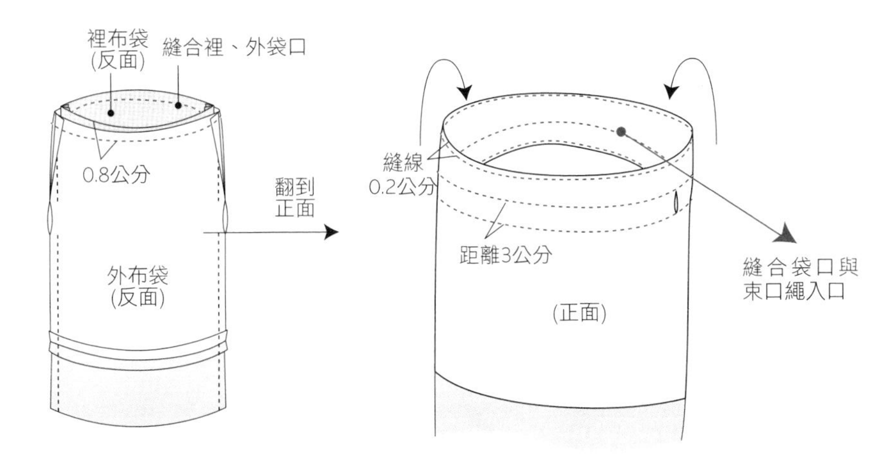

3. 安裝束口繩

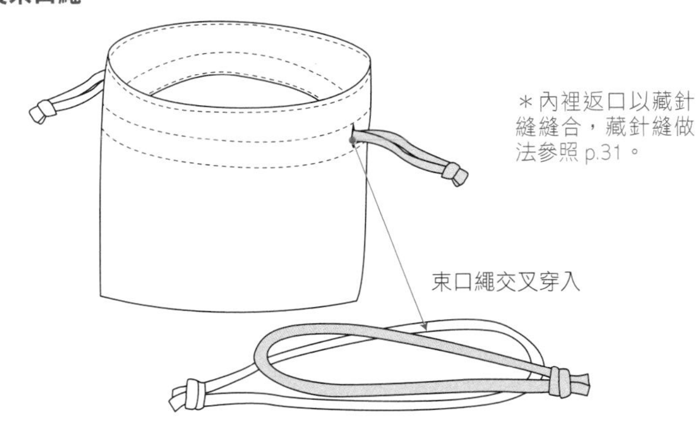

＊內裡返口以藏針縫縫合，藏針縫做法參照p.31。

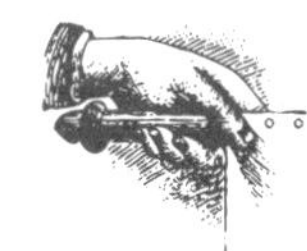

腕帶手拿包

Stripes Clutch Bag

紙型檔名 **no.06**

成品尺寸

總體＊寬 29.5 × 高 22 公分

腕帶＊總長 30 公分

材料

外布＊寬 45 × 長 45 公分 1 片

裡布＊寬 45 × 長 50 公分 1 片

皮革＊寬 40 × 長 20× 厚 0.1 公分 1 片

拉鍊＊長 30 公分 1 條

排版方式

外布

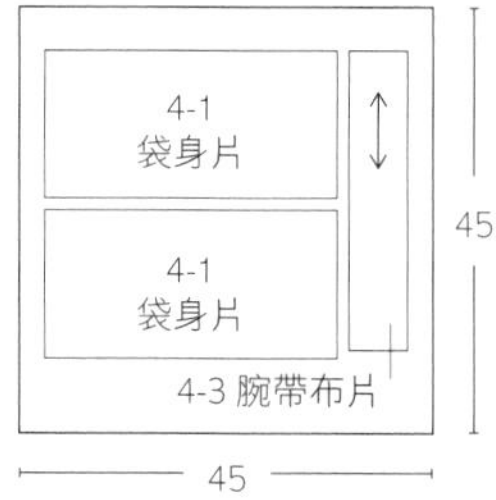

裡布

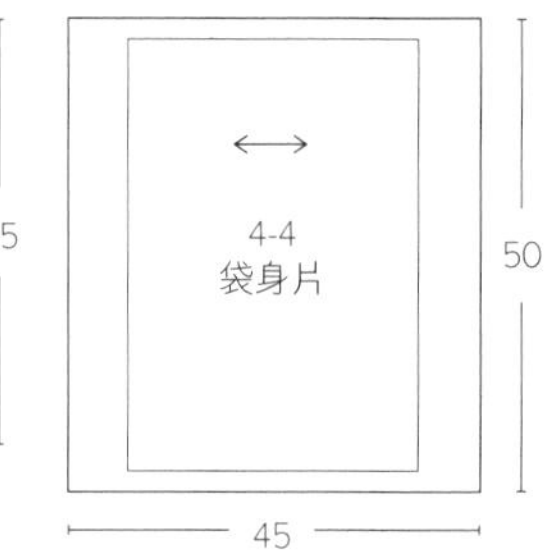

皮革

單位：公分

製作步驟

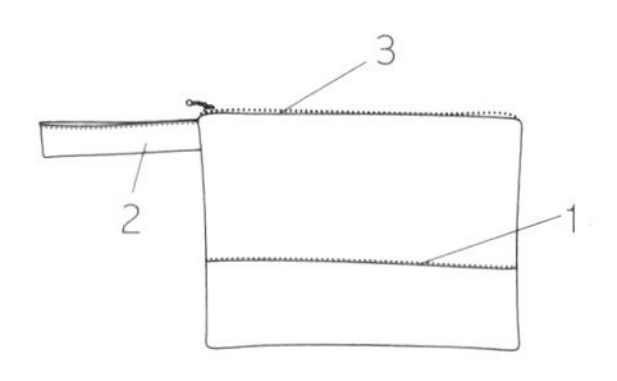

做法

前製作業：裁剪所需的布片，按照紙型中標示的記號，以粉圖筆等在布料上做摺疊所需的記號，再參照以下步驟製作。

1. 接縫袋身片與袋底剪接片：將兩片袋身片、一片袋底剪接片對齊縫合。

2. 製作腕帶：將布片正片朝外，兩長邊內摺 0.8 公分縫份，對摺，再以直線車縫固定。

3. 縫合拉鍊、袋身：保持袋身在反面的狀態，攤平裡布、外布袋身，以直線縫合兩邊袋側，要預留返口。翻到正面後參照 p.31，用藏針縫縫合返口即完成。

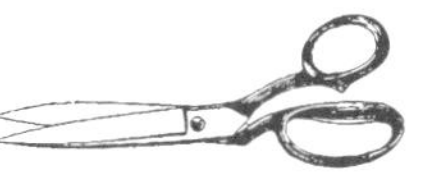

做法圖解

1. 接縫袋身片與袋底剪接片

接合外布、皮革袋底剪接布片

2. 製作腕帶

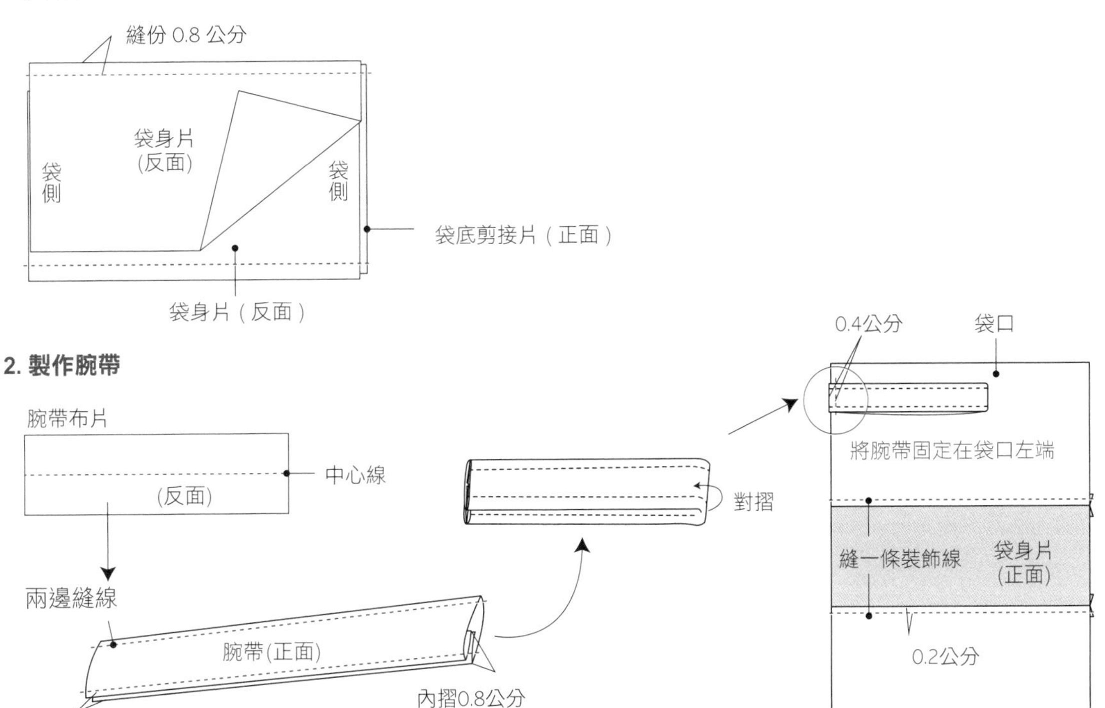

3. 縫合拉鍊、袋身

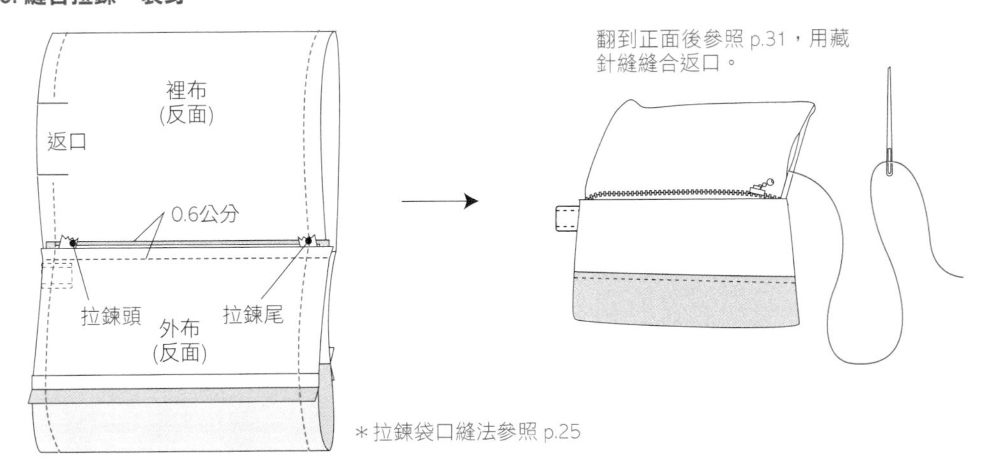

＊拉鍊袋口縫法參照 p.25

文具袋

Canvas Stationery Bag

紙型檔名 **no.07**

成品尺寸

整體＊寬 10.5 × 長 21 公分

材料

外布＊寬 30 × 長 30 公分 1 片
硬皮革＊寬 15 × 長 3 公分 1 片
拉鍊＊長 20 公分 1 條
包邊用人織帶（袋身）＊寬 1.5 × 長 12 公分 2 條
包邊用人織帶（袋口拉鍊）＊寬 1 × 長 25 公分 2 條

排版方式

外布

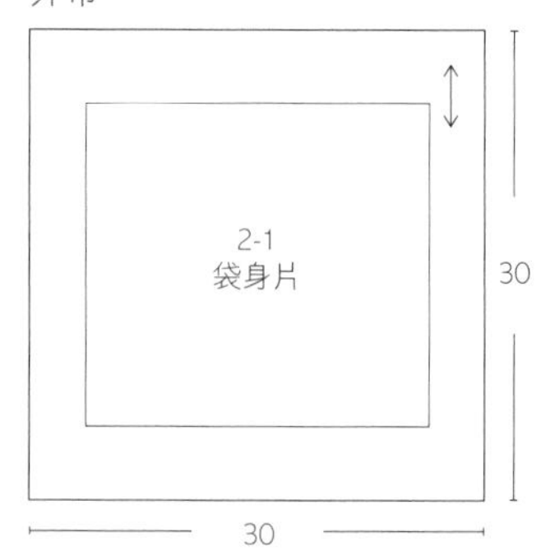

硬皮革

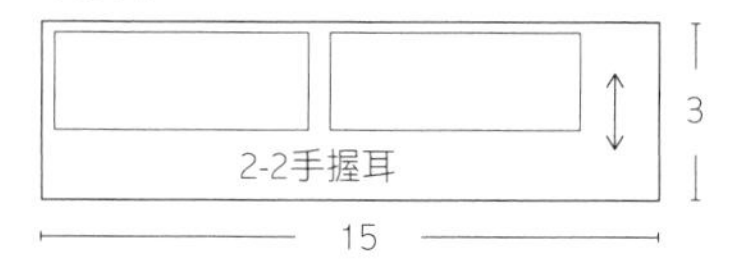

單位：公分

製作步驟

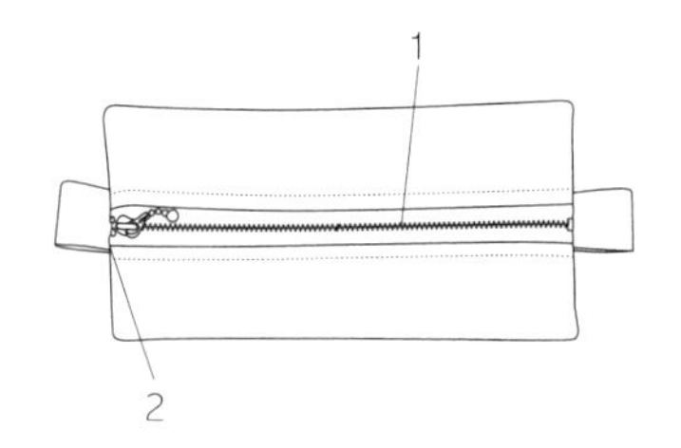

做法

前製作業：裁剪所需的布片，按照紙型中標示的記號，以粉圖筆等在布料上做摺疊所需的記號，再參照以下步驟製作。

1. 縫合拉鍊、手握耳、袋側：縫合袋口拉鍊（拉鍊做法參照 p.24）後，按照紙型位置標記，將手握耳固定在相對位置，袋口拉鍊調整到指定位置，縫合兩邊袋側，縫份 0.4 公分。

2. 袋身成型：參照 p.20，袋身保持反面朝外的狀態，用包邊用人織帶縫合兩側，翻到正面即完成。

做法圖解

1. 縫合拉鍊、手握耳、袋側

皮革手握耳

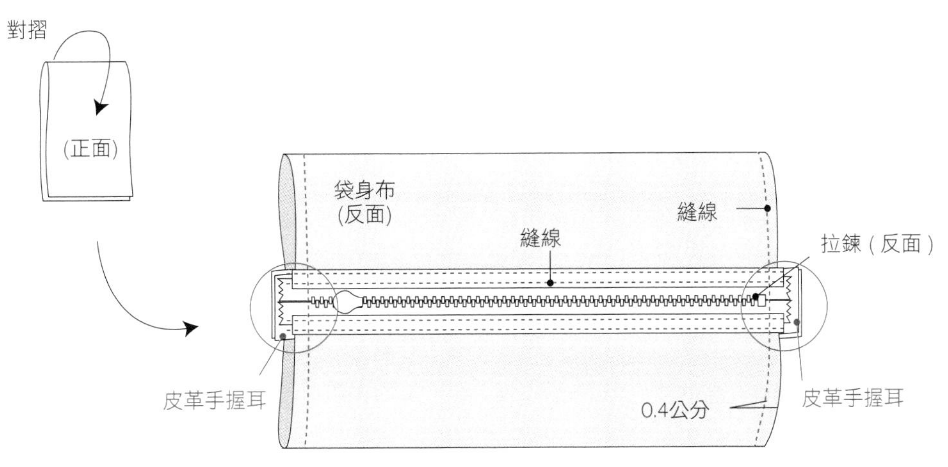

＊拉鍊做法參照 p.24，無內裡拉鍊做法。

2. 袋身成型

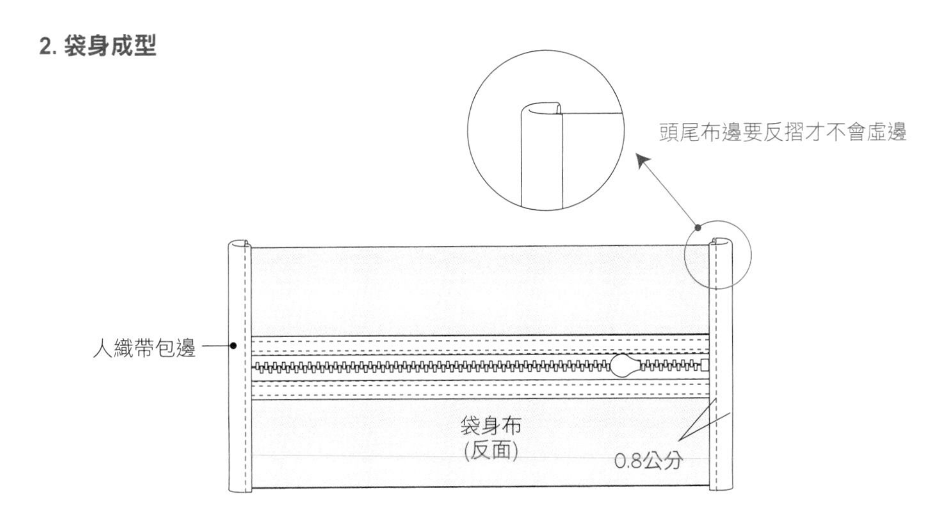

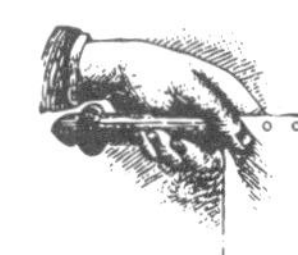

束口便當袋

Lunch Drawstring Bag

紙型檔名 **no.08**

成品尺寸

整體＊寬 29.5 × 高 21 × 厚 12.5 公分

提把＊總長 39 公分

材料

外布 A ＊寬 60 × 長 40 公分 1 片

外布 B ＊寬 45 × 長 30 公分 1 片

提把織帶＊寬 2.5 × 長 40 公分 2 條

束口棉繩＊直徑粗 0.3 × 長 65 公分 2 條

包邊用人織帶（袋身）＊寬 1.5 × 長 30 公分 2 條

包邊用人織帶（袋底）＊寬 1.5× 長 14 公分 2 條

排版方式

外布 A

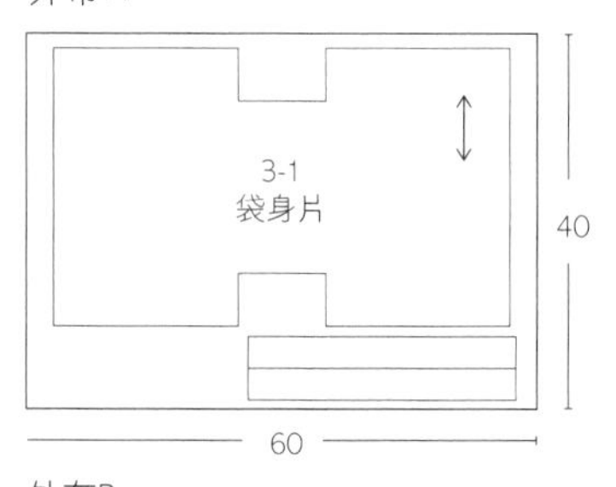

外布B

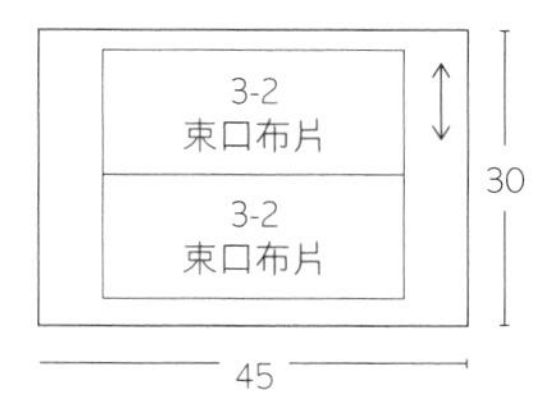

單位：公分

製作步驟

做法

前製作業：裁剪所需的布片，按照紙型中標示的記號，以粉圖筆等在布料上做摺疊所需的記號，再參照以下步驟製作。

1. 接合束口布片、袋口片：先將兩片束口布片、袋口片兩側縫合，再將兩者縫合固定，裡面縫份處理可參照 p.20 包邊法，將布邊包覆。

2. 固定提把：按照紙型標記位置，將兩條織帶提把固定在袋口。

3. 袋身成型：縫合袋身片成為袋型後，袋身保持反面朝外，套入正面朝外的束口布，從袋口處縫合固定，縫份處理可參照 p.20 包邊法，最後穿入束口棉繩即完成。

做法圖解

1. 接合束口布片、袋口片

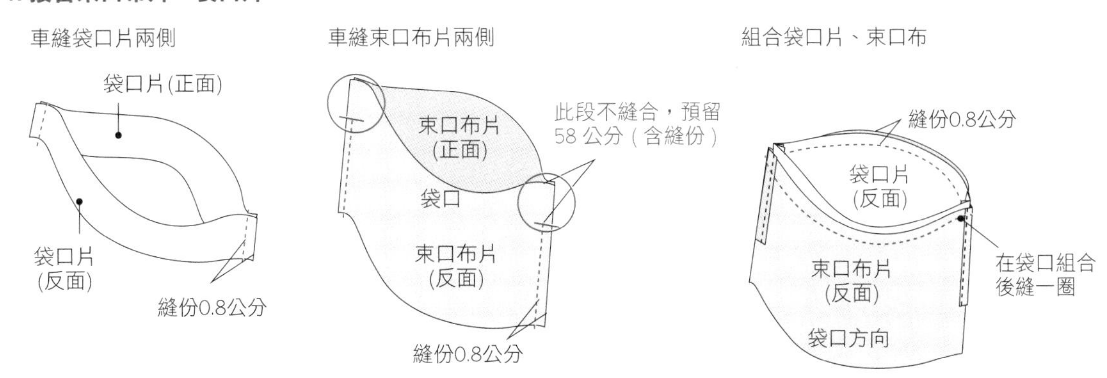

2. 固定提把

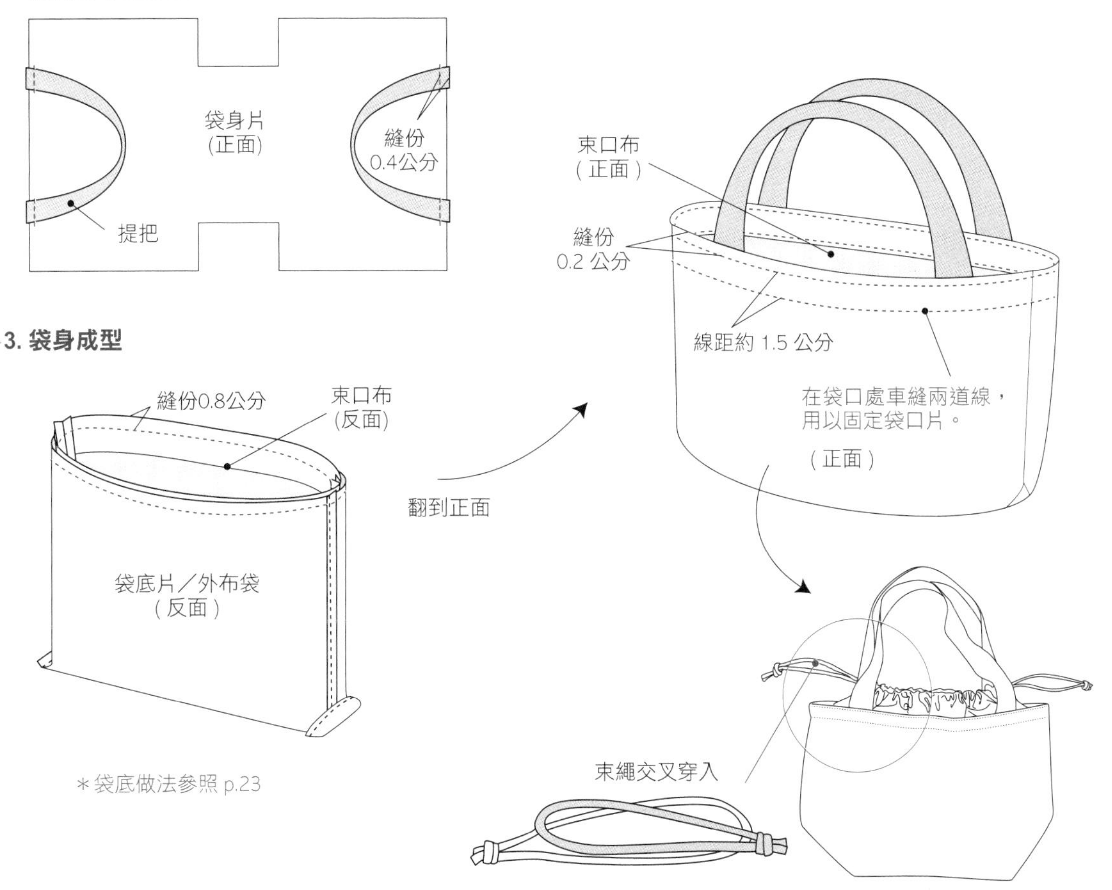

拉鍊筆袋

Zipper Pencil Case

紙型檔名 **no.09**

成品尺寸

整體＊寬 7 × 長 21 × 厚 3 公分

材料

布料＊寬 20 × 長 30 公分 1 片

皮革＊寬 2 × 長 15 公分 1 片

拉鍊＊長 24 公分 1 條

包邊用人織帶（袋身）＊寬 1.5 × 長 8 公分 2 條

包邊用人織帶（袋口拉鍊）＊寬 1 × 長 26 公分 2 條

排版方式

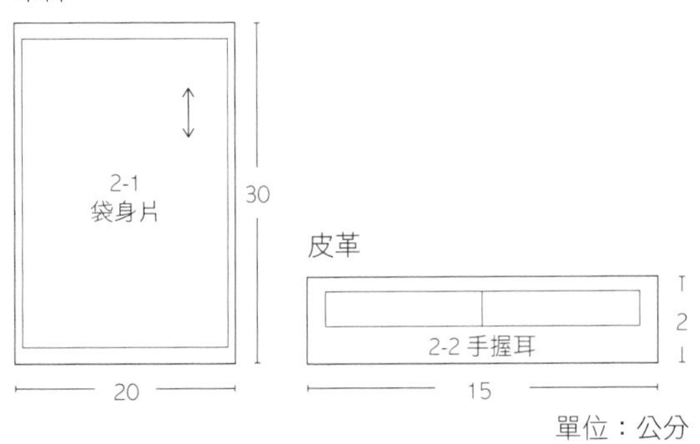

單位：公分

製作步驟

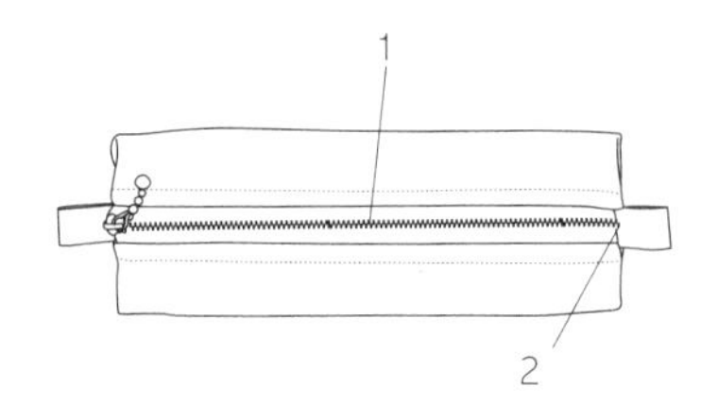

做法

前製作業：裁剪所需的布片，按照紙型中標示的記號，以粉圖筆等在布料上做摺疊所需的記號，再參照以下步驟製作。

1. 縫合拉鍊、手握耳：參照 p.24，縫合袋口拉鍊。按照紙型位置標記，將手握耳固定在相對位置，縫份 0.4 公分。

2. 袋身成型：按照紙型標記，分別在反面摺疊袋身，以直線縫合固定兩袋側，接著參照 p.20 包邊法，以人織帶包邊，翻到正面後即完成。

做法圖解

1. 縫合拉鍊、手握耳

皮革手握耳

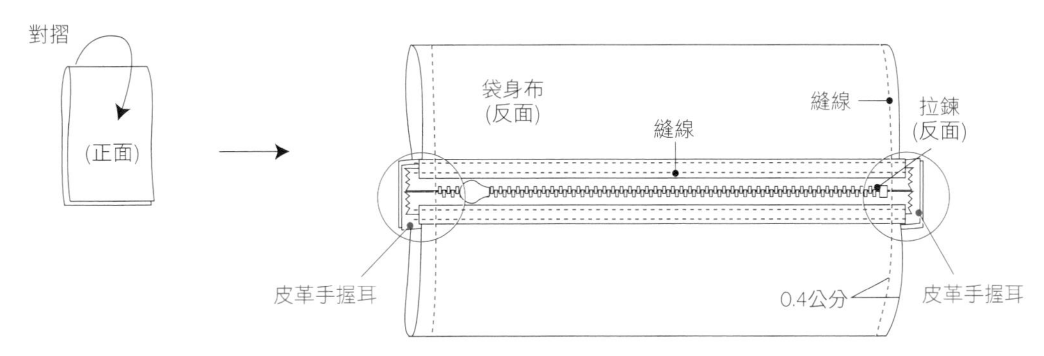

＊拉鍊做法參照 p.24，無內裡拉鍊做法。

2. 袋身成型

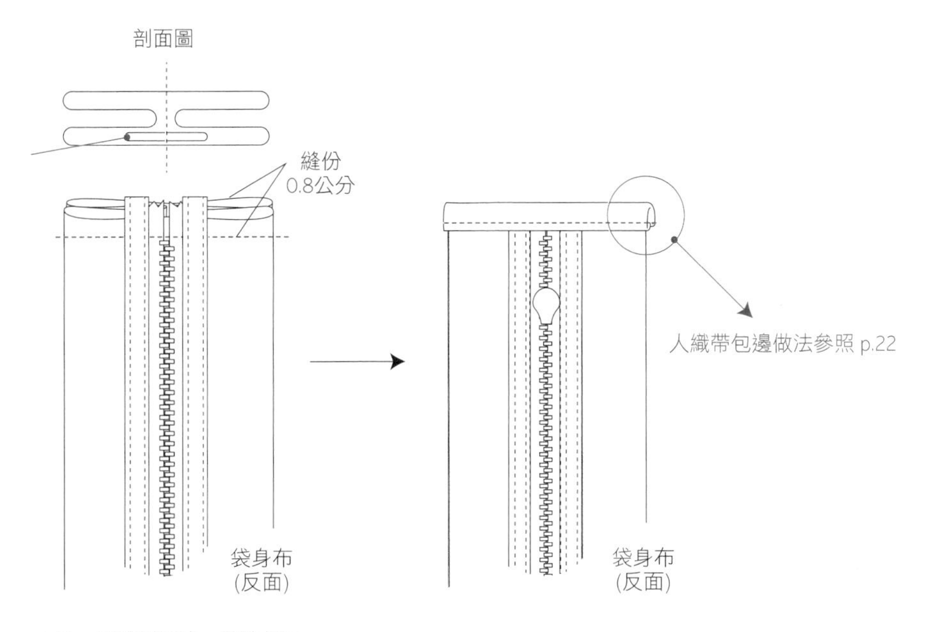

＊另一端袋側摺法、縫法相同。

船形化妝包
Pillow Type Cosmetic Pouch

紙型檔名 **no.10**

成品尺寸
整體＊寬 24 × 高 12 × 厚 6 公分

材料
外布 A ＊寬 30 × 長 25 公分 1 片
外布 B ＊寬 30 × 長 15 公分 1 片
裡布＊寬 30 × 長 35 公分 1 片
拉鍊＊長 24 公分 1 條

排版方式
外布 A　　外布 B

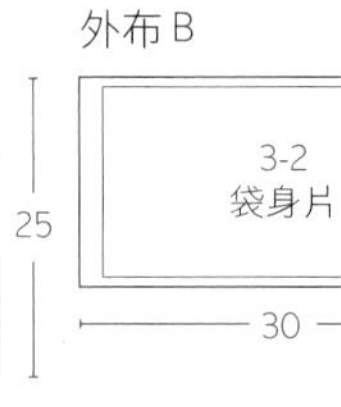

裡布

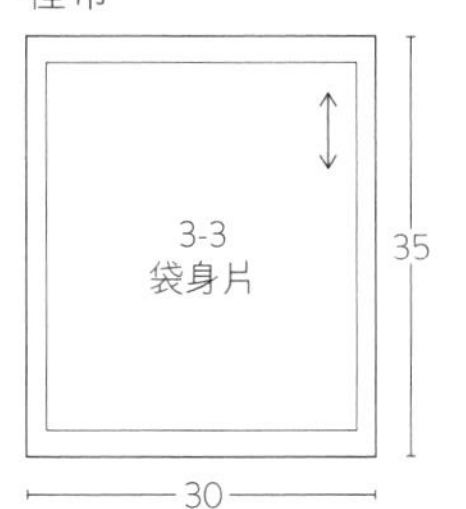

單位：公分

製作步驟

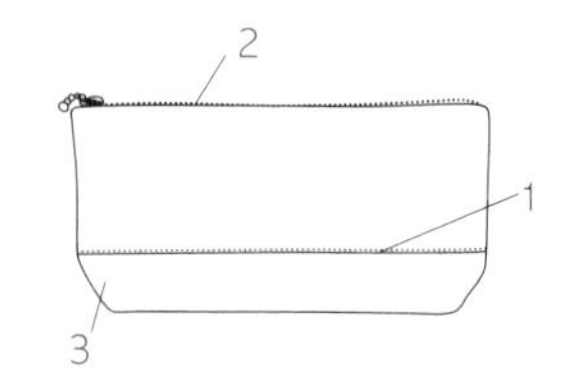

做法
前製作業：裁剪所需的布片，按照紙型中標示的記號，以粉圖筆等在布料上做摺疊所需的記號，再參照以下步驟製作。

1. 拼接外袋身片：將袋身上片正面朝上，袋身下片正面朝袋身下片，從反面縫合固定，另一片則以相同方式接在袋底片另一端。

2. 固定拉鍊：參照 p.25，縫合袋口拉鍊。

3. 縫合袋身兩側和抓底：從反面縫合袋身外布、裡布雙側邊，在裡布預留返口，按照紙型標示，抓出 2.5 公分側邊底部縫合後，翻到正面熨燙，參照 p.31，以藏針縫縫合返口即完成。

做法圖解

1. 接縫袋身片與袋底剪接片

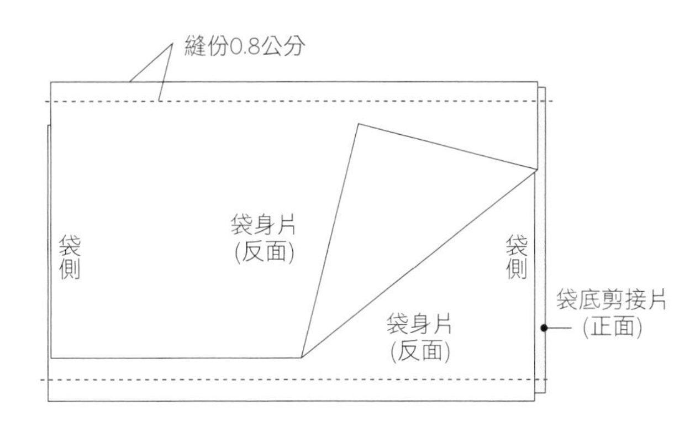

2. 固定拉鍊

＊拉鍊袋縫法參照 p.25

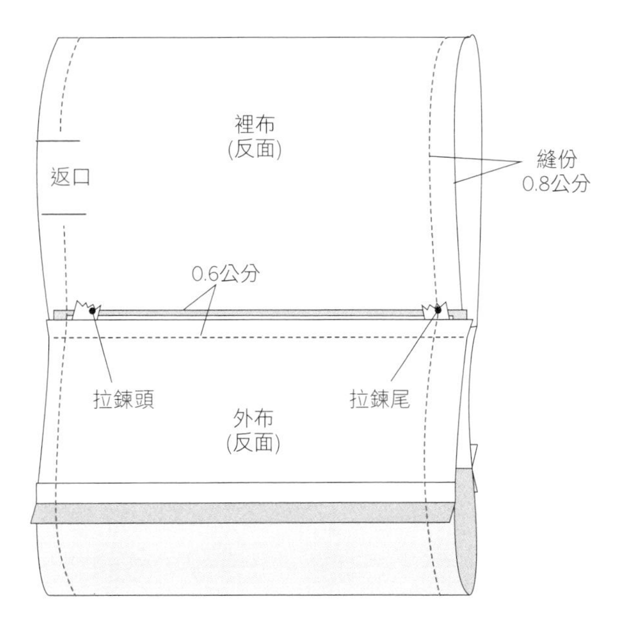

3. 縫合袋身兩側和抓底

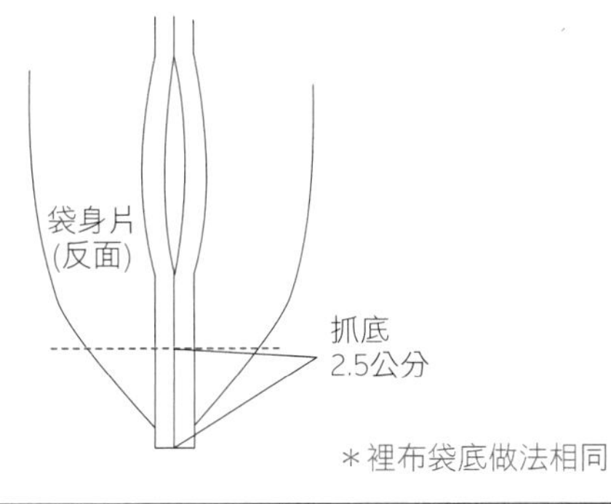

＊裡布袋底做法相同

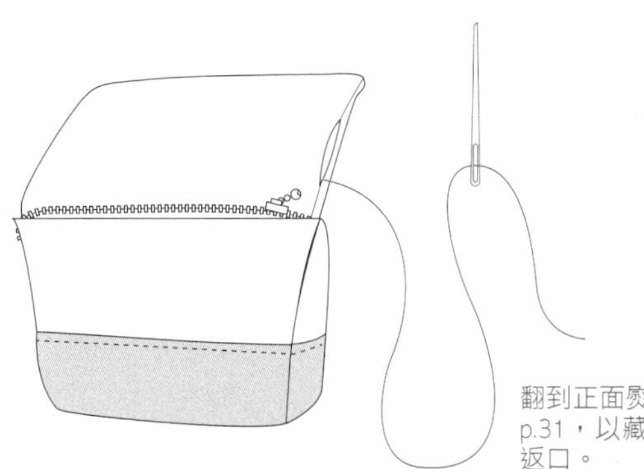

翻到正面熨燙，參照p.31，以藏針縫縫合返口。

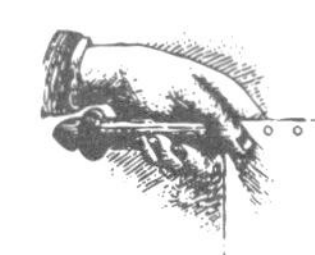

支架提包

⊓ Type Frame Handbag

紙型檔名 **no.11**

成品尺寸

整體＊寬 21 × 高 16.5 × 厚 10 公分

提把＊總長 42 公分

材料

⊓ 型支架口金框＊寬 20 × 腳長 8 公分 1 組

外布 A ＊寬 35 × 長 30 公分 1 片

外布 B ＊寬 35 × 長 35 公分 1 片

裡布＊寬 35 × 長 45 公分 1 片

薄夾棉＊寬 35 × 長 45 公分 1 片

現成皮革提把＊粗 1.2 × 長 42 ～ 44 公分 1 組

拉鍊＊長 35 公分 1 條

做法

前製作業：裁剪所需的布片，按照紙型中標示的記號，以粉圖筆等在布料上做摺疊所需的記號，再參照以下步驟製作。

1. 拼接外袋身片：將袋身片正面朝上，袋底片正面朝下，從反面縫合固定，另一片則以相同方式接在袋底片另一端。

2. 製作拉鍊袋口片：將拉鍊和拉鍊袋口片裡、外對齊縫合。

3. 固定袋口、縫合袋身：在裡布袋身片反面熨貼薄夾棉，將拉鍊袋口片固定在裡、外袋身片袋口處，從反面縫合袋身外布、裡布雙側邊，在裡布預留返口，縫合後翻到正面，參照 p.31，以藏針縫縫合返口。

製作步驟

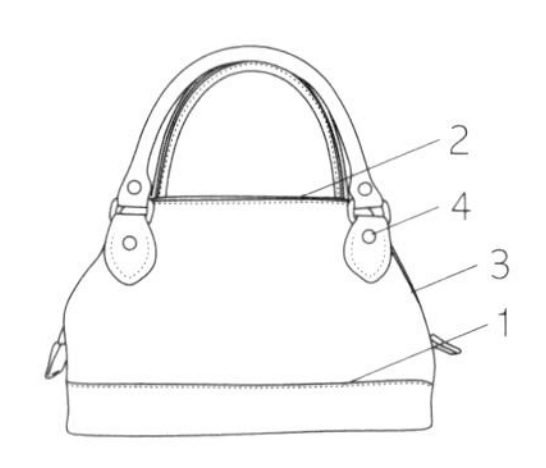

4. 安裝提把和支架：使用現成提把，按照紙型標記位置，將提把縫合固定袋口處，再安裝支架口金框即完成。

排版方式

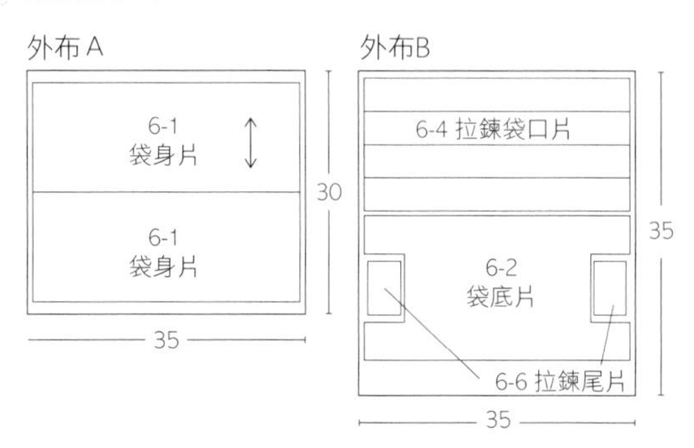

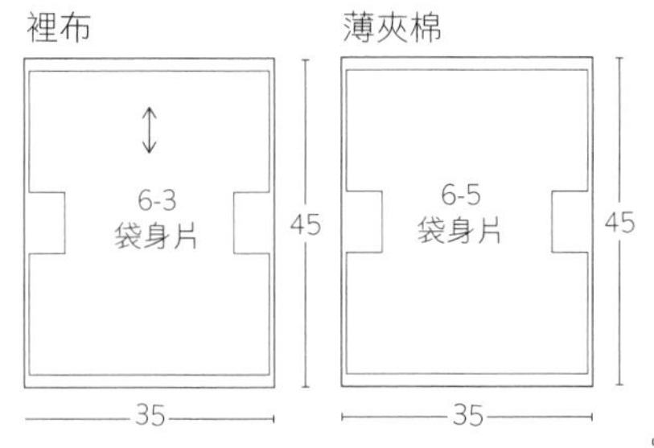

單位：公分

做法圖解

1. 拼接外袋身片

2. 製作拉鍊袋口片

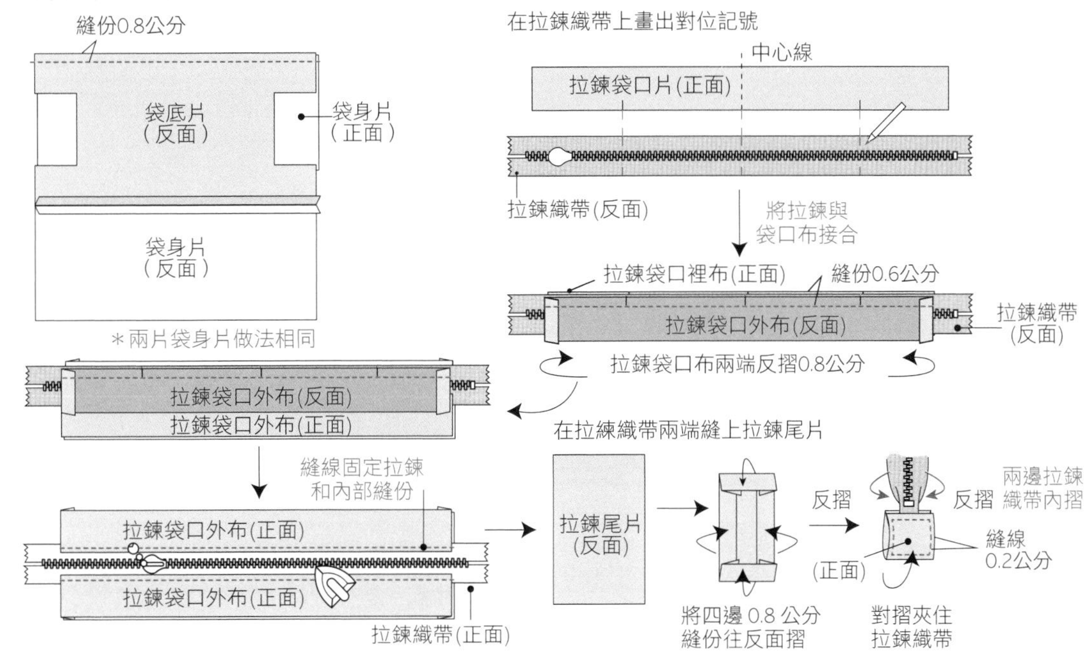

3. 固定袋口、縫合袋身

4. 安裝提把和支架

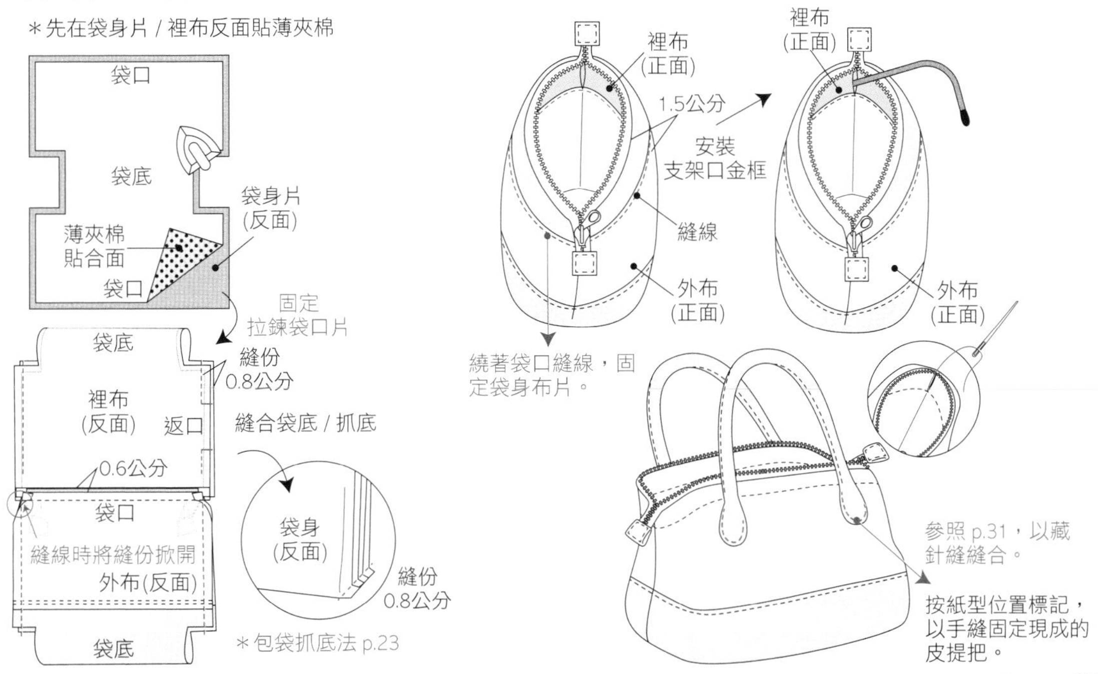

L 型拉鍊筆袋

L Type Frame Pen Case

紙型檔名 **no.12**

成品尺寸

整體＊寬 11 × 高 18.5 × 厚 1.5 公分

材料

外布＊寬 25 × 長 25 公分 1 片

裡布＊寬 35× 長 30 公分 1 片

拉鍊＊長 28 公分 1 條

排版方式

外布

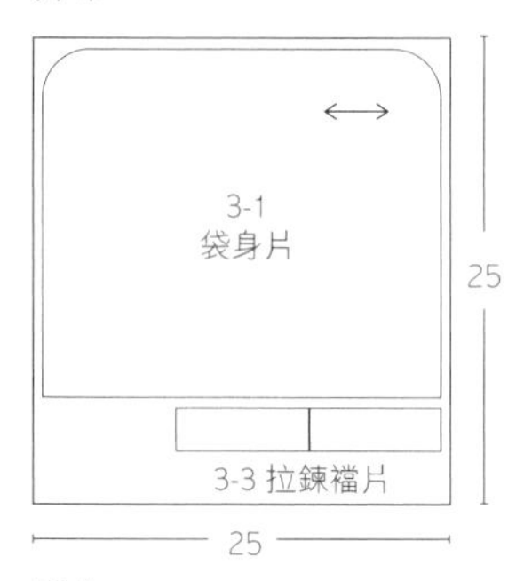

裡布

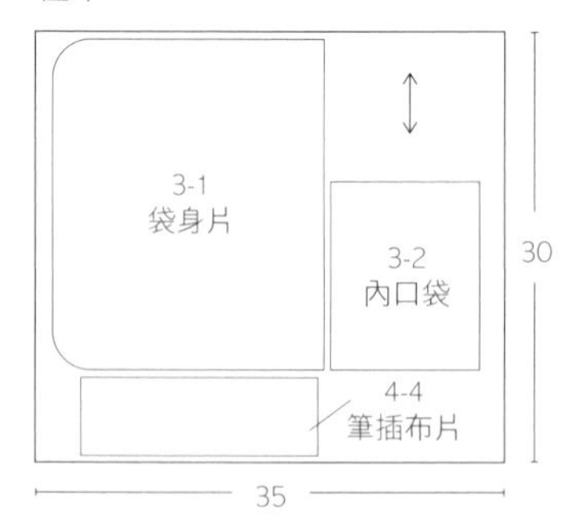

單位：公分

製作步驟

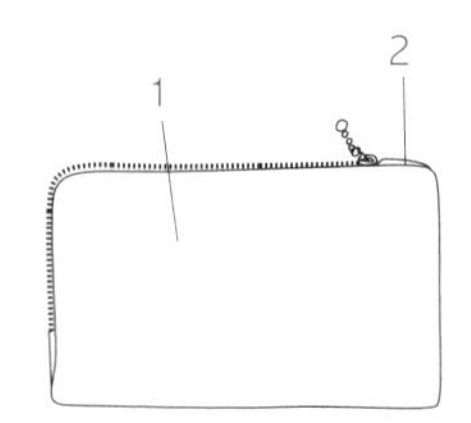

做法

前製作業：裁剪所需的布片，按照紙型中標示的記號，以粉圖筆等在布料上做摺疊所需的記號，再參照以下步驟製作。

1. 製作內口袋、筆插：先從內裡袋開始，按照紙型標記，對摺縫好內口袋與筆插布片，從返口翻正，固定在相對位置上。

2. 固定拉鍊、製作袋身：將兩片拉鍊襠片分別固定在拉鍊頭尾端，完成後總長需為 29 公分，先將拉鍊固定在外袋身片上，再參照 p.31，以藏針縫縫合裡布袋身片即完成。

做法圖解

1. 製作內口袋、筆插

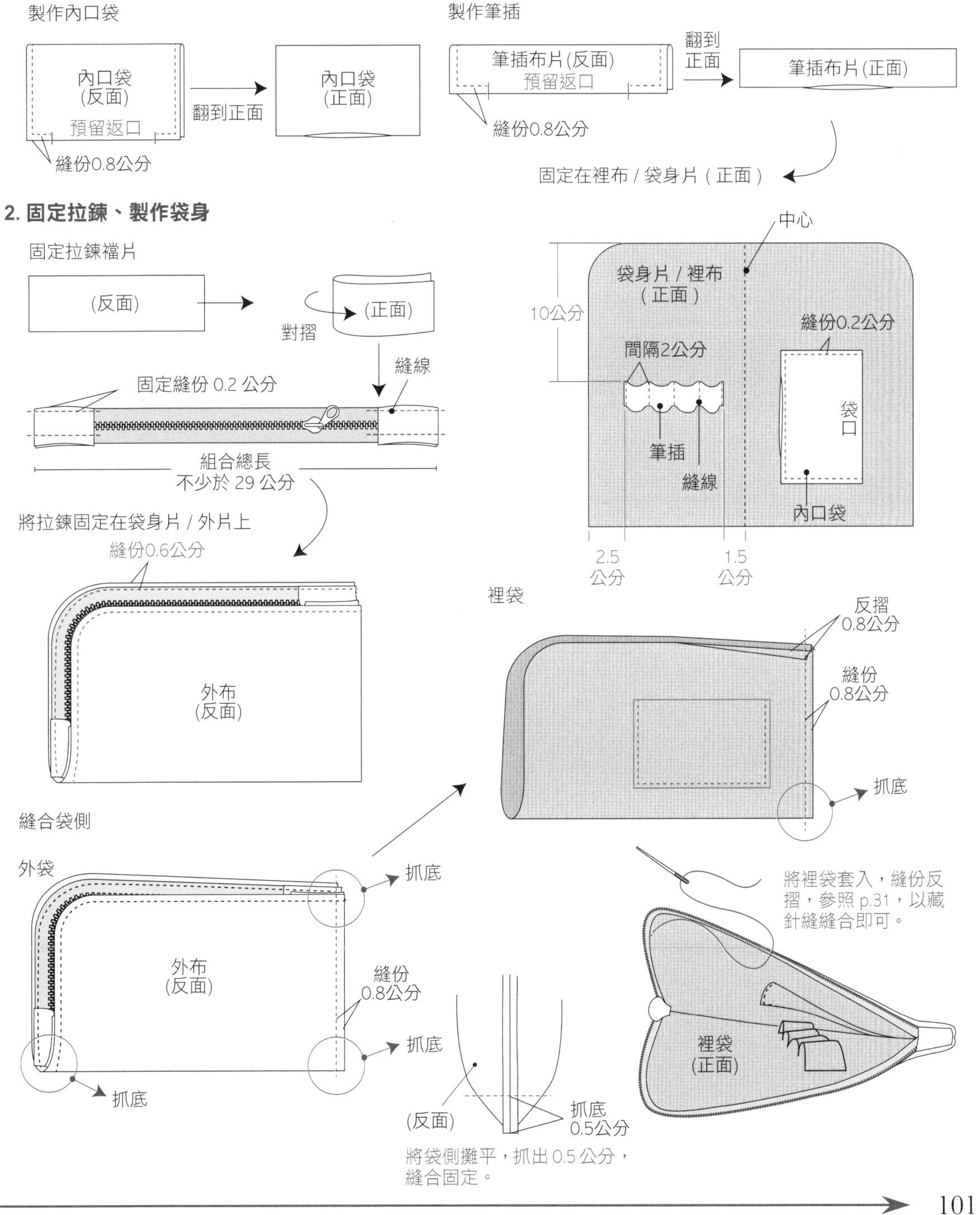

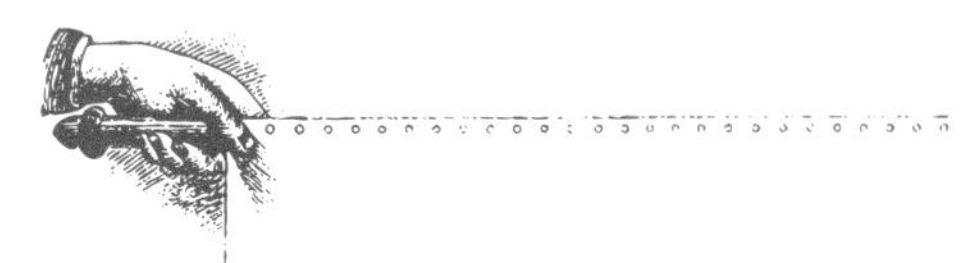

兩用袋
Two Way Tote Bag

紙型檔名 **no.13**

成品尺寸

〈肩背時〉

整體＊寬 29 × 高 35× 厚 5 公分

〈手提時〉

整體＊寬 29 × 高 20× 厚 5 公分

提把＊總長 23 公分

肩背帶＊總長 43 公分

材料

外布 A ＊寬 35 × 長 35 公分 1 片

外布 B ＊寬 35 × 長 50 公分 1 片

裡布＊寬 65 × 長 40 公分 1 片

提把織帶＊寬 2.5 × 長 55 公分 2 條

肩背織帶＊寬 2.5 × 長 45 公分 2 條

排版方式

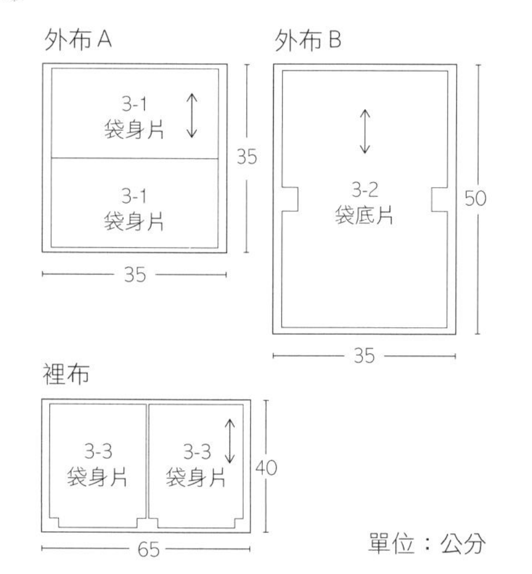

製作步驟

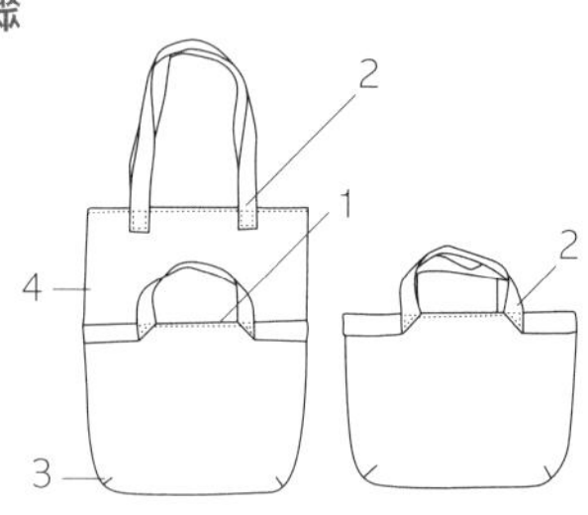

做法

前製作業：裁剪所需的布片，按照紙型中標示的記號，以粉圖筆等在布料上做摺疊所需的記號，再參照以下步驟製作。

1. 拼接外袋身片：將袋身片正面朝上，袋底片正面朝袋身片，從反面縫合固定，另一片則以相同方式接在袋底片另一端。

2. 固定肩帶、提把：將兩條長 55 公分的提把織帶，分別固定在袋身片前、後的「提把位置」，並且在提把和袋身交接處縫合固定，袋口處則固定長 45 公分的肩帶。

3. 縫合袋身：將外袋身和袋身裡布分別縫合成袋，並於裡布預留返口。

4. 袋身成型：外布袋翻到正面，套入反面朝外的裡布袋，沿著袋口縫一圈，從裡布返口翻到正面熨燙，參照 p.31，用藏針縫縫合返口即完成。

做法圖解

1. 拼接外袋身片

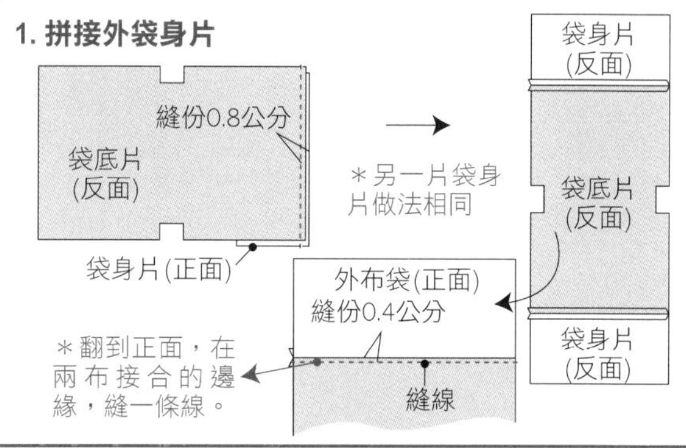

2. 固定肩帶、提把

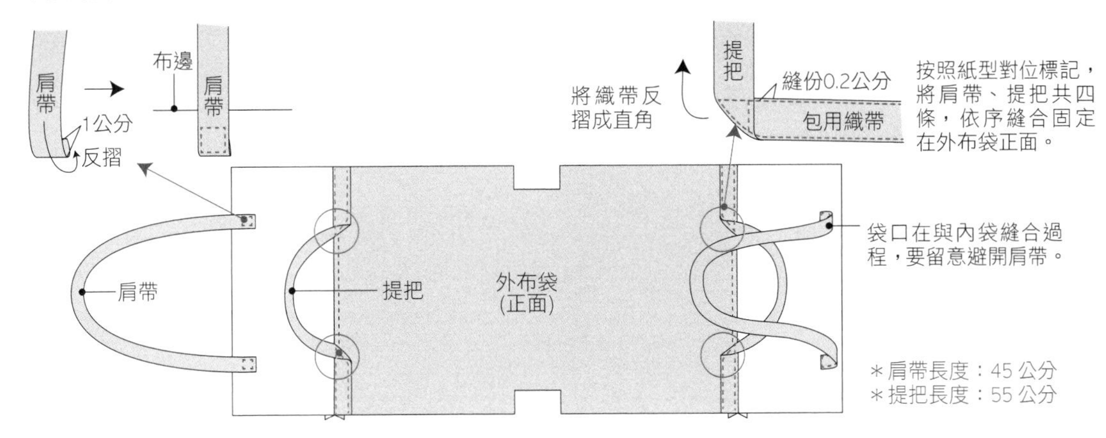

3. 縫合袋身

縫合兩側

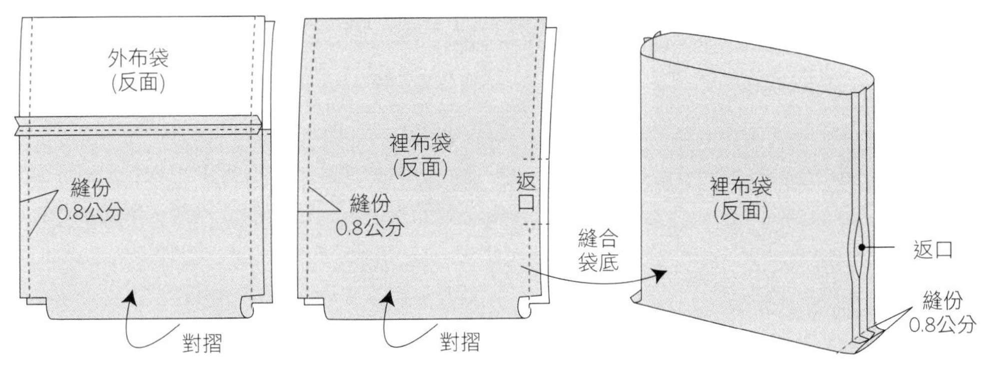

4. 袋身成型

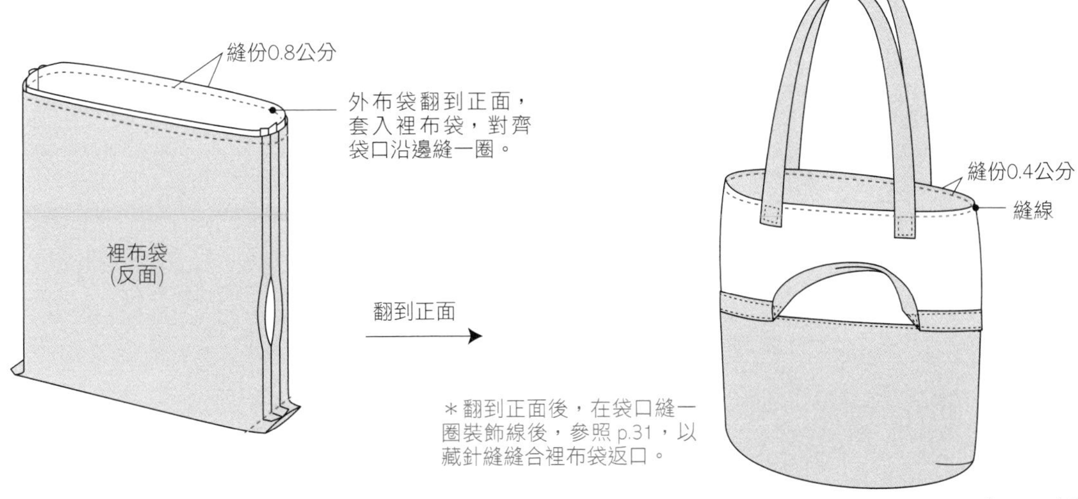

托特包

Tote Bag

紙型檔名 no.14

成品尺寸

整體＊寬 30 × 高 24× 厚 10 公分

提把＊總長 42 公分

材料

外布＊寬 35 × 長 65 公分 1 片

裡布＊寬 35 × 長 65 公分 1 片

皮革＊寬 18 × 長 18× 厚 0.09 ～ 0.1 公分 1 片

現成皮革肩帶＊寬 1.5 × 長約 52 公分 2 條

皮革釦耳＊寬 1.5 × 長 15 公分 1 條

固定釦＊直徑 0.8 公分 10 組

壓釦＊直徑 1.2 公分 1 組

排版方式

外布、裡布

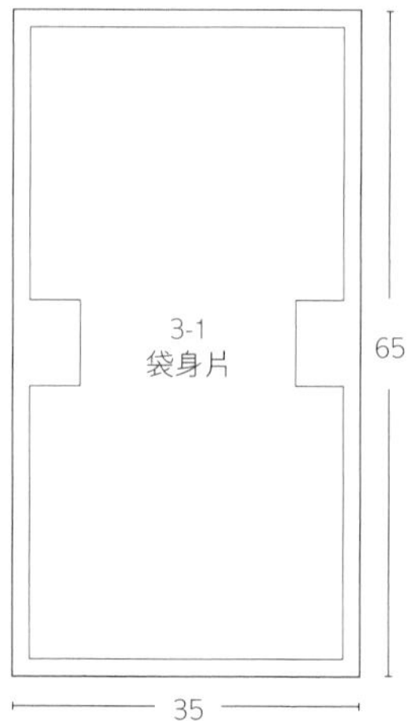

皮革

單位：公分

製作步驟

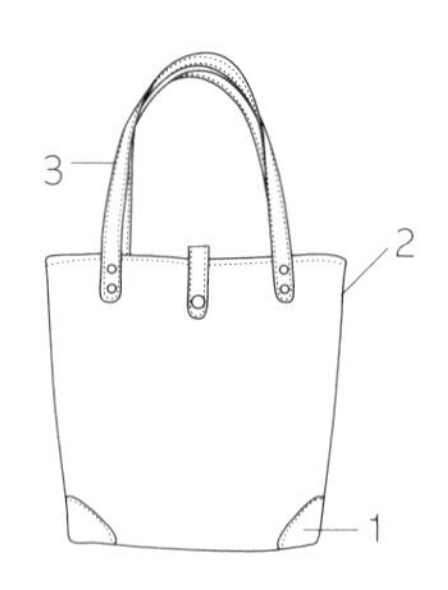

做法

前製作業：裁剪所需的布片，按照紙型中標示的記號，以粉圖筆等在布料上做摺疊所需的記號，再參照以下步驟製作。

1. 固定袋底包角：按照紙型標記位置，將四片袋底包角片車縫固定。

2. 製作袋身：將裡、外袋身分別縫合成袋，並於裡布袋預留返口，再正面朝內互套，對齊袋口後縫合固定，翻到正面，參照 p.31，以藏針縫縫合返口。

3. 安裝釦耳、提把：按照紙型標記，使用固定釦將釦耳和肩帶固定即完成。

做法圖解

1. 固定袋底包角

袋身片 / 外布

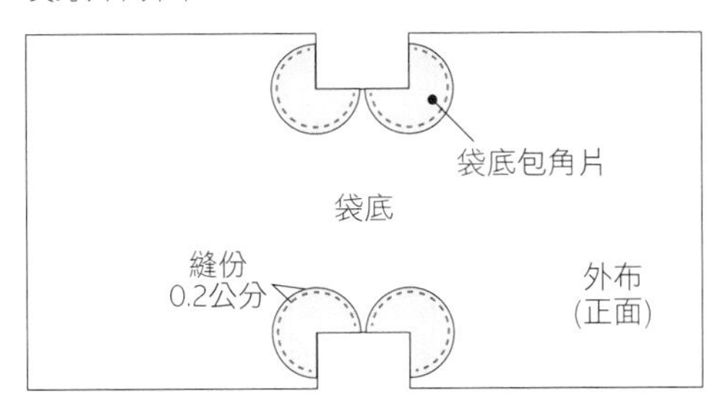

＊將 4 片袋底包角片分別固定在袋底四個角落。

2. 製作袋身

將裡、外袋身分別縫合成袋

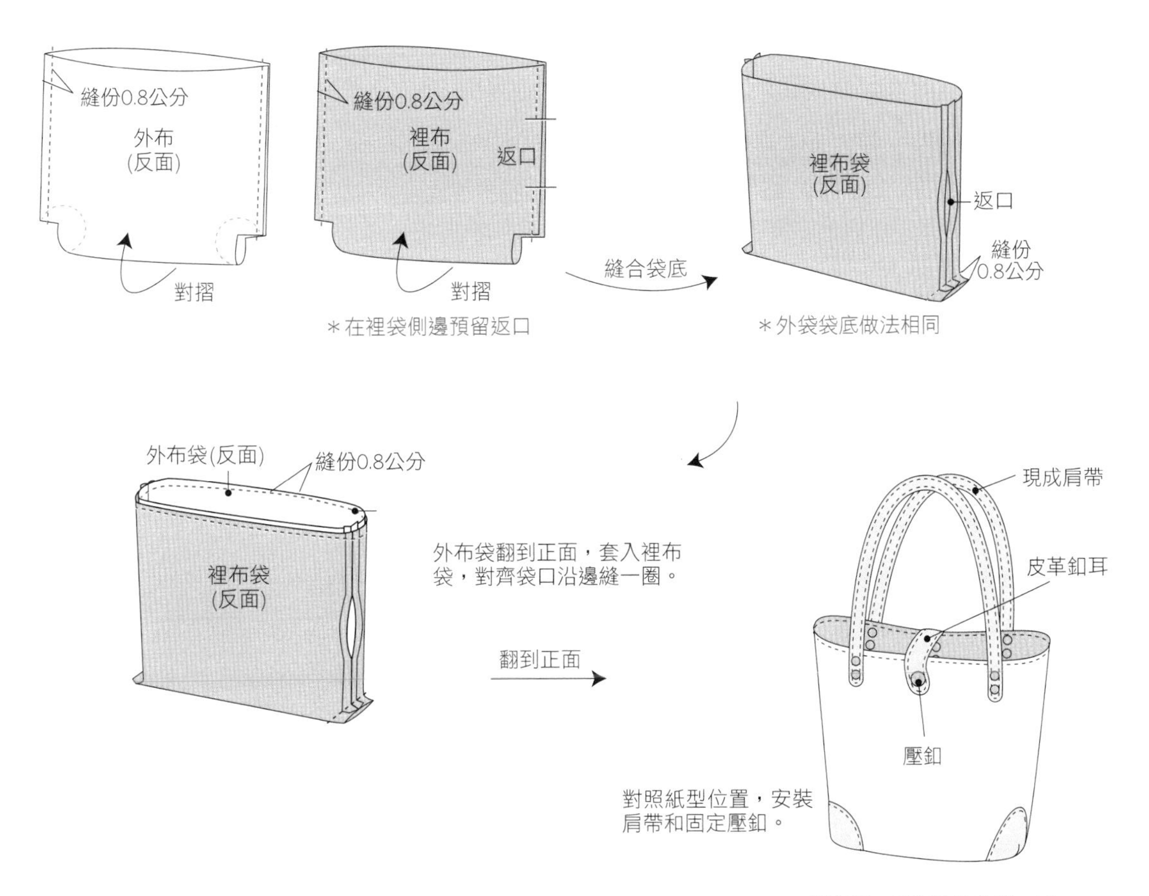

＊固定釦、壓釦做法參照 p.26

大口袋背包

Big Pocket Backpack

紙型檔名 **no.15**

成品尺寸

整體＊寬 21.5 × 高 28 × 厚 10 公分
提把＊總長 21 公分
可調式肩背帶＊總長 98 公分

材料

外布 A ＊寬 35 × 長 70 公分 1 片
外布 B ＊寬 30 × 長 30 公分 1 片
外布 C ＊寬 25 × 長 20 公分 1 片
裡布＊寬 60 × 長 70 公分 1 片
提把織帶＊寬 2.5 × 長 23 公分 1 條
肩背織帶＊寬 2.5 × 長 100 公分 2 條
方形環織帶＊寬 2.5 × 長 10 公分 2 條
日形環＊內徑寬 2.5 公分 2 組
方形環＊內徑寬 2.5 公分 2 組
書包轉釦＊寬約 3.3 × 高約 2 公分 1 組
壓釦＊直徑 1.2 公分 2 組

排版方式

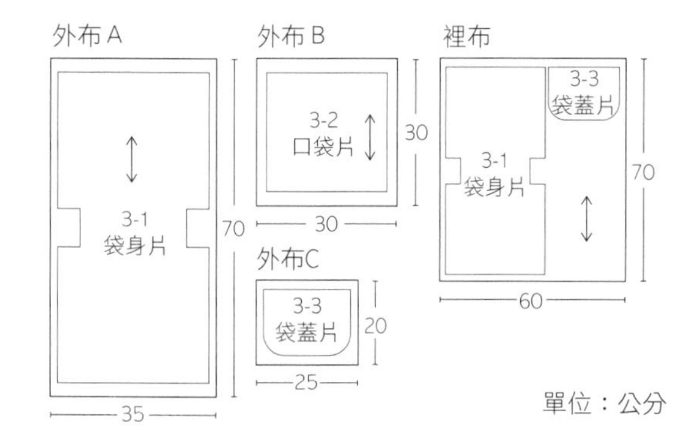

單位：公分

製作步驟

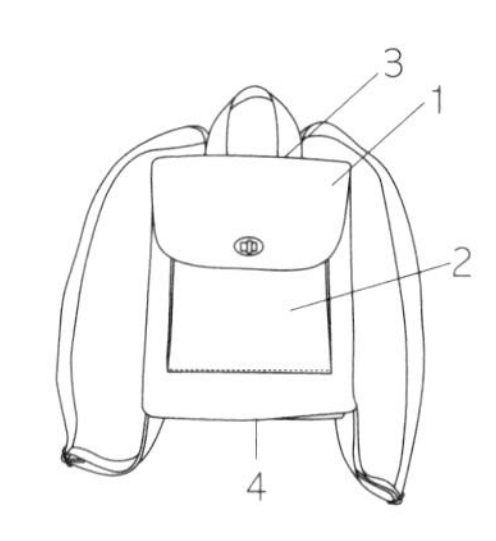

做法

前製作業：裁剪所需的布片，按照紙型中標示的記號，以粉圖筆等在布料上做摺疊所需的記號，再參照以下步驟製作。

1. 製作袋蓋、安裝轉釦上釦：將一片袋蓋片裡布、外布正面朝內，對齊縫合，然後安裝轉釦上釦。

2. 製作口袋片、安裝轉釦底座：口袋片袋口先反摺 0.8 公分，再從紙型標示的「袋口摺線」反摺一次，車縫固定。兩側按紙型標記摺疊，固定在袋身片上的相對位置，再安裝轉釦底座。

3. 安裝袋蓋、提把、肩背帶、方環耳：將袋蓋、提把、肩背帶、袋底處的方環耳都按照紙型標示，固定在袋身片上的相對位置。

4. 袋身成型：分別將外布、裡布各自縫成袋型，然後將兩袋正面相對套疊，對齊袋口後縫合固定即完成。

做法圖解

1. 製作袋蓋、安裝轉釦上釦

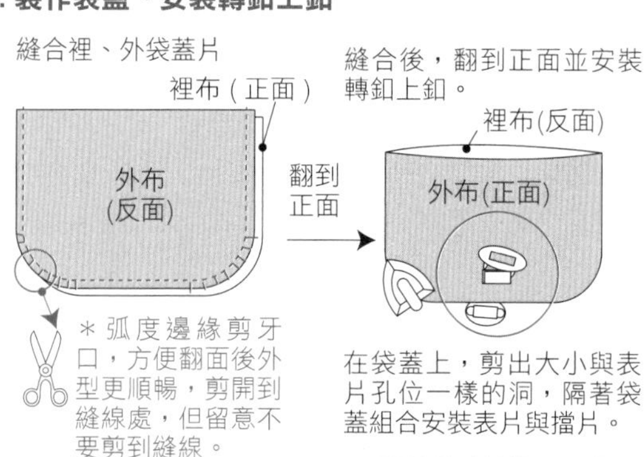

2. 製作口袋片、安裝轉釦底座

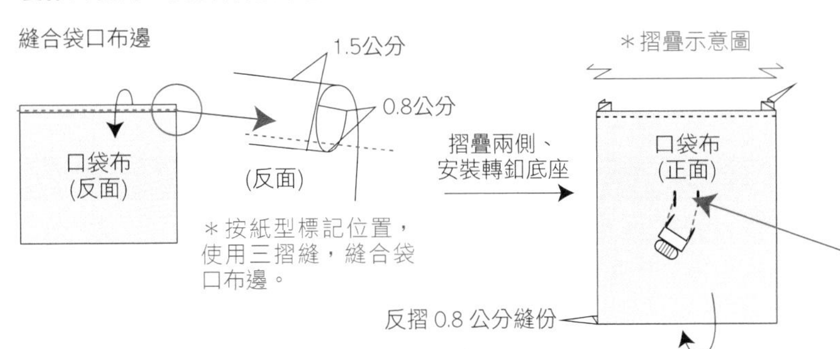

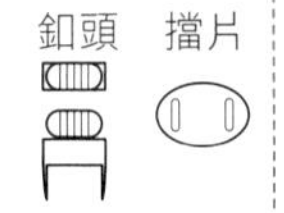

＊安裝轉釦底座時，除了按照紙型標記外，記得先蓋上袋蓋，依據上釦位置測試、丈量實際的底座位置。若擔心對位有誤，建議可以在整個袋子成型後，再視袋蓋闔上的實際位置安裝底座。

3. 安裝袋蓋、提把、肩背帶、方環耳

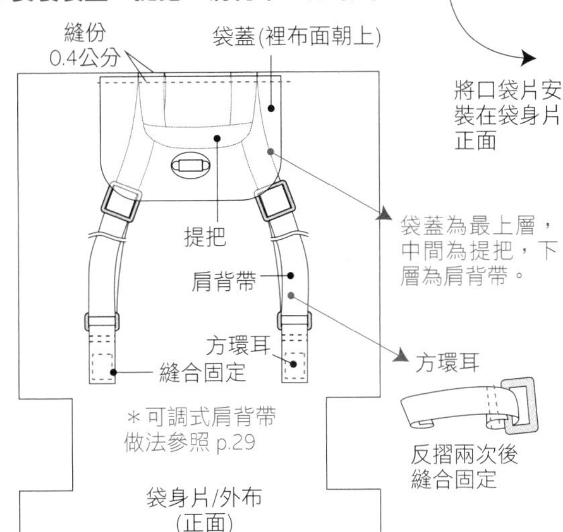

將口袋片安裝在袋身片正面

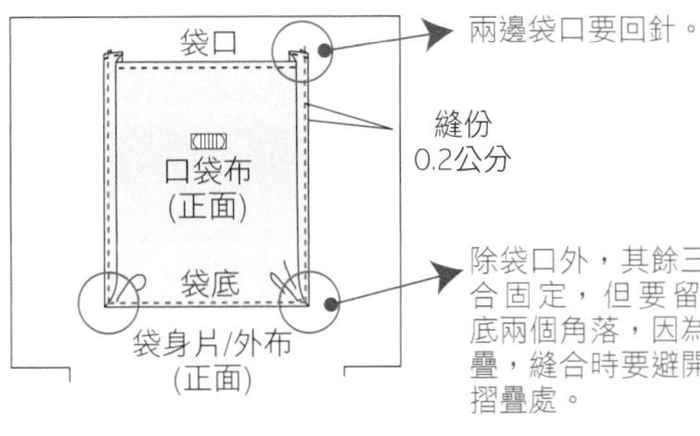

4. 袋身成型

分別將外布、裡布各自縫成袋型

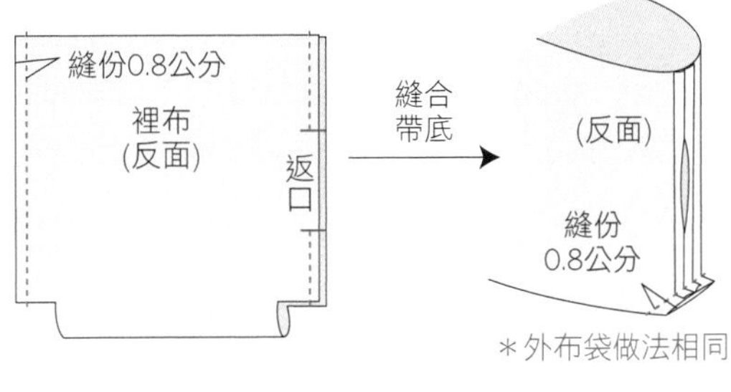

＊外布袋做法相同

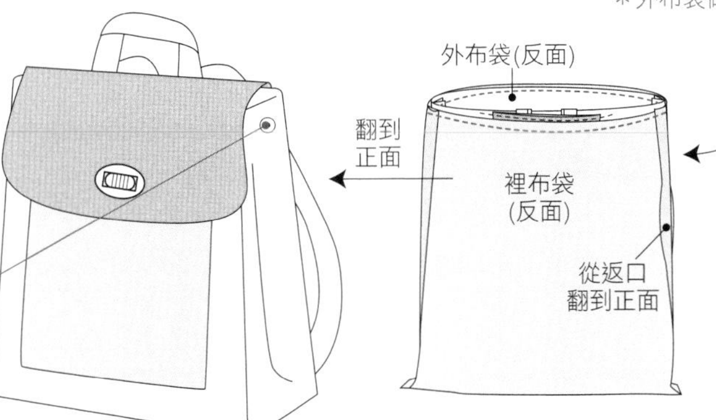

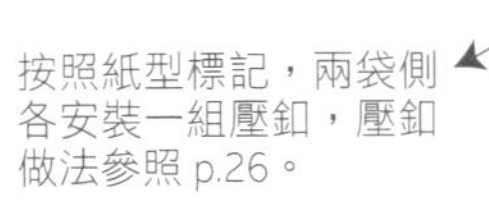

大弧底肩背包

Round shoulder Volume Bag

紙型檔名 **no.16**

成品尺寸

整體＊寬 29.5 × 高 33.5 × 厚 10 公分

提把＊總長 47.5 公分

材料

外布＊寬 90 × 長 50 公分 1 片

裡布＊寬 90 × 長 50 公分 1 片

現成提把＊寬 1.8 × 長 62 公分 2 條

撞釘磁釦＊直徑 1.4 公分 1 組

排版方式

外布

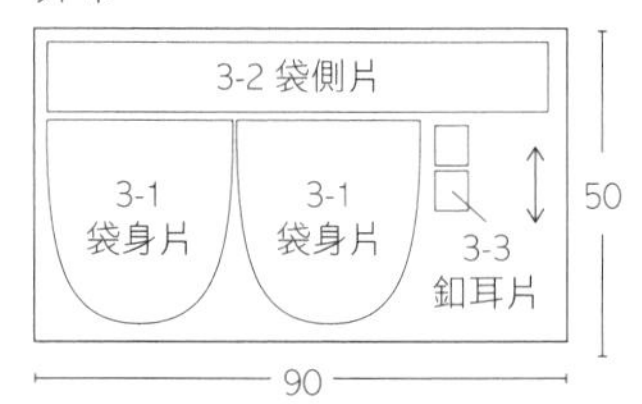

裡布

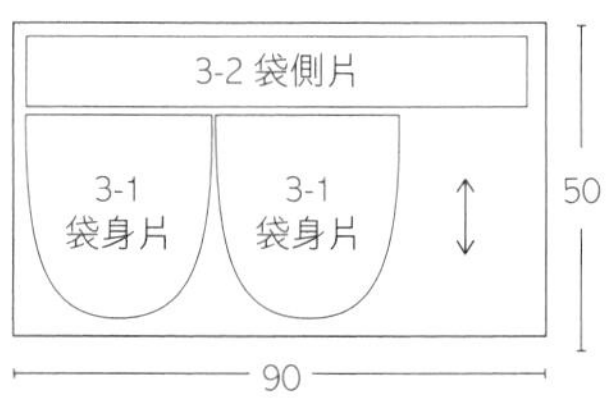

單位：公分

製作步驟

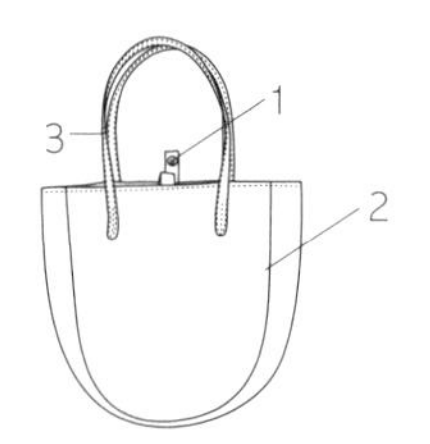

做法

前製作業：裁剪所需的布片，按照紙型中標示的記號，以粉圖筆等在布料上做摺疊所需的記號，再參照以下步驟製作。

1. 製作釦耳：將釦耳長邊縫份反摺 0.8 公分，對摺縫合，然後固定在袋身片正面袋口上。

2. 縫合袋身：分別將裡、外袋身片、袋側片縫合成袋型，在裡布袋預留返口，然後正面相對互套，對齊袋口後縫合固定，完成袋型。

3. 固定提把：將現成提把以手縫方式，固定在「肩背帶固定位置」上即完成。

做法圖解

1. 製作釦耳

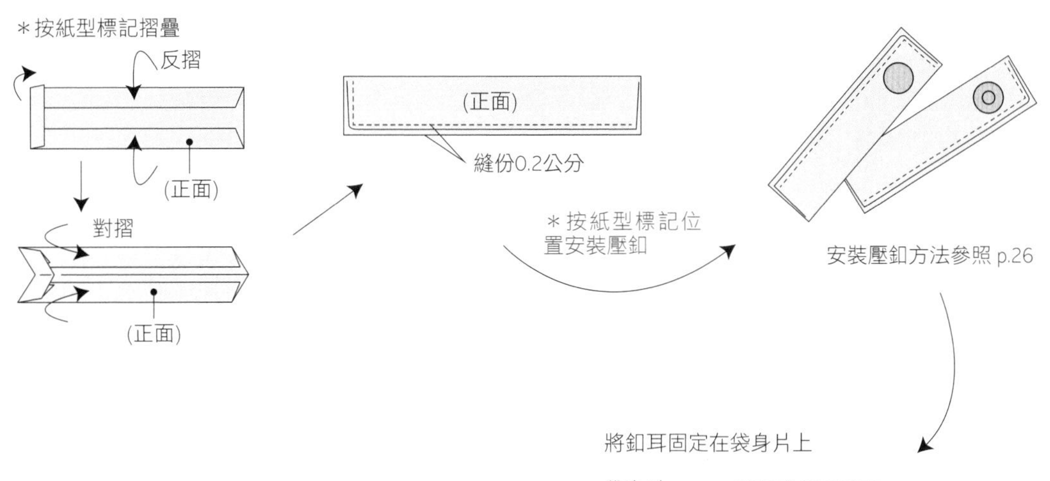

將釦耳固定在袋身片上

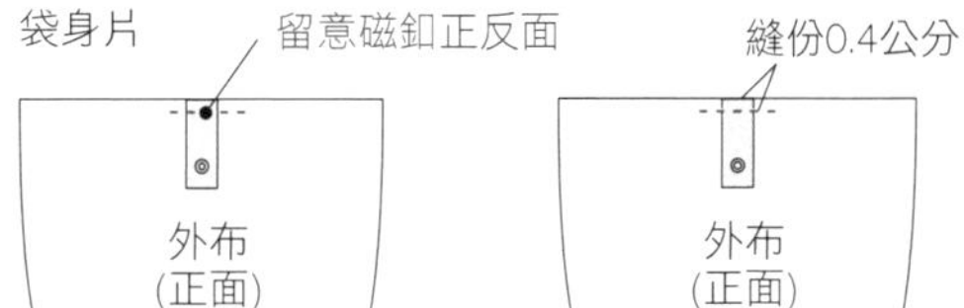

＊兩片釦耳分別固定在兩片袋身片上

2. 縫合袋身

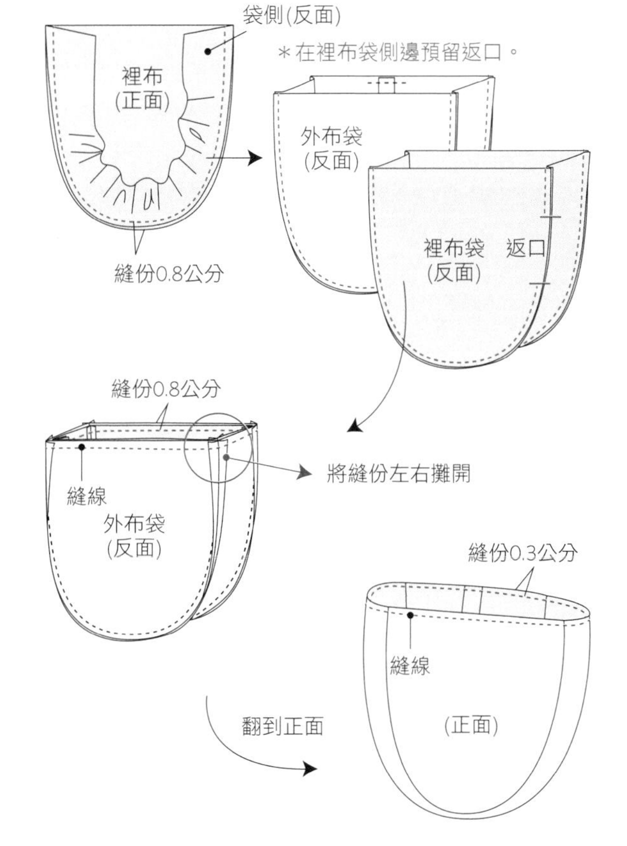

3. 固定提把

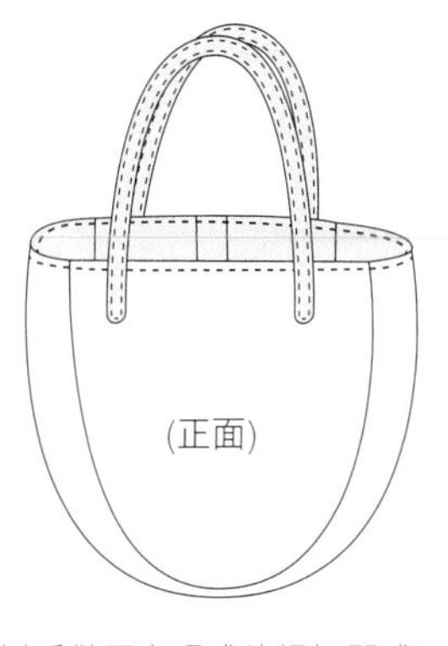

＊以手縫固定現成的提把即成

泡芙包
Pleated Puff Handbag

紙型檔名 **no.17**

成品尺寸

整體＊寬 46.5 × 高 31 × 厚 10 公分
提把＊總長 32 公分
可調式肩背帶＊總長 110 公分

材料

外布 A ＊寬 75 × 長 80 公分 1 片
外布 B ＊寬 25 × 長 30 公分 1 片
裡布＊寬 75 × 長 65 公分 1 片
現成提把＊寬 1.2 × 長 42 公分 2 條
現成可調式背帶（有問號鉤）＊
寬 1.2 × 長 110 公分 1 條
爪釘式磁釦＊直徑 1.4 公分 1 組
D形環＊內徑寬 1.5 公分 2 組

排版方式

外布 A

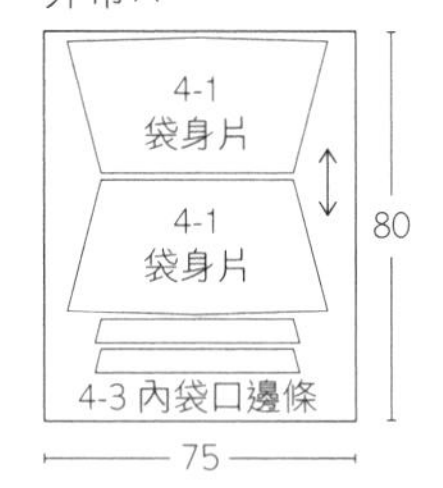

外布 B

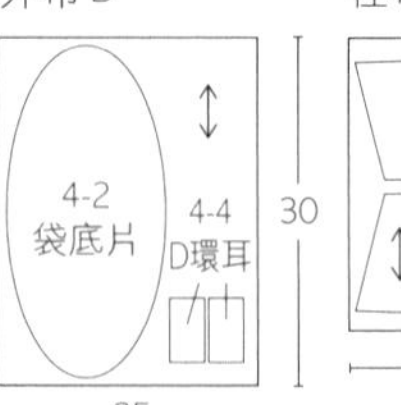

裡布

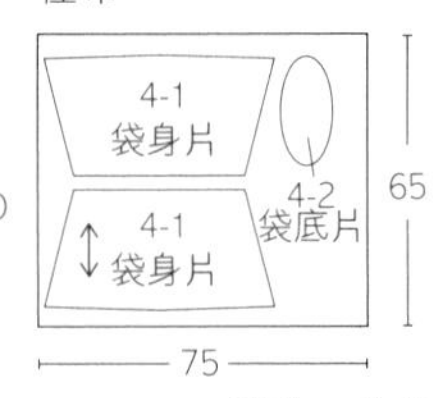

單位：公分

製作步驟

做法

前製作業：裁剪所需的布片，按照紙型中標示的記號，以粉圖筆等在布料上做摺疊所需的記號，再參照以下步驟製作。

1. 製作D環耳：將D環耳長邊縫份0.8公分往反面摺，車縫固定，套上D形環後對摺。

2. 縫合袋身、安裝磁釦：先固定裡、外袋身片的袋底褶子，再各自縫合成袋型，於裡布袋預留返口，並在內袋袋口縫合「內袋口邊條」布片，安裝磁釦，將裡、外袋正面相對互套，對齊袋口後縫合固定，翻到正面，參照 p.31，以藏針縫縫合返口。

3. 固定提把、肩背帶：將現成提把以手縫方式固定在「提把位置」上，在D環耳扣上肩背帶即完成。

做法圖解

1. 製作 D 環耳

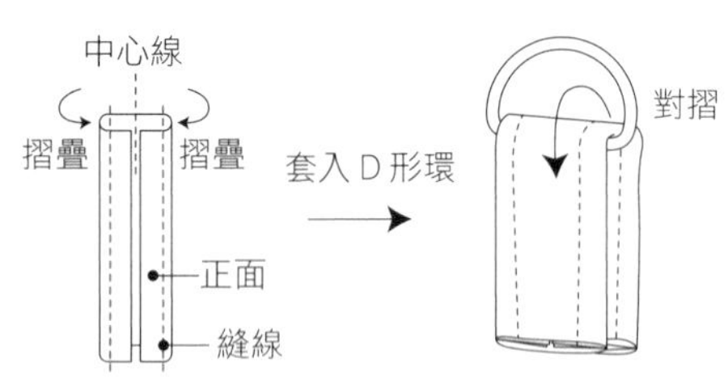

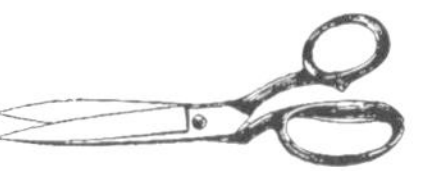

2. 縫合袋身、安裝磁釦

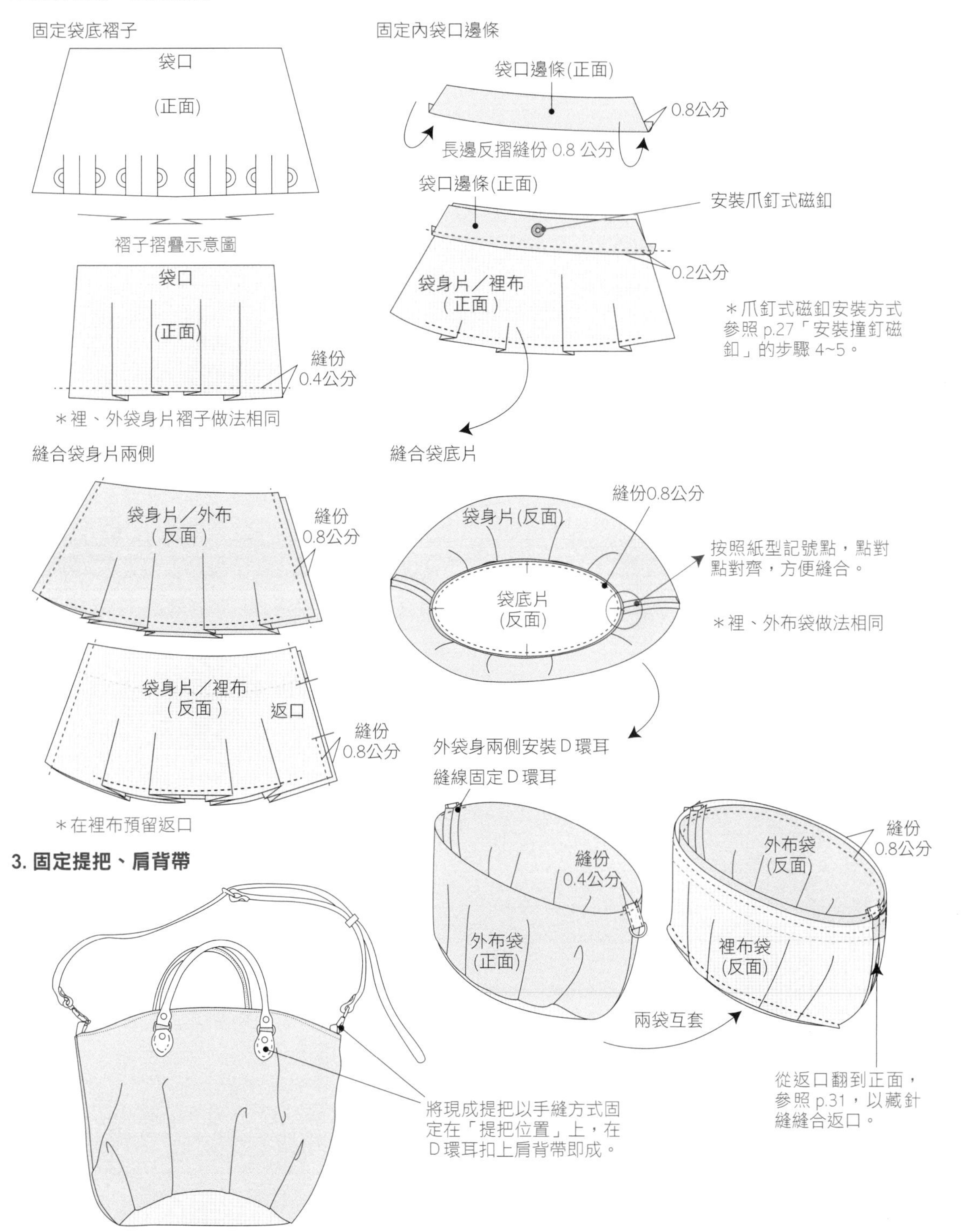
固定袋底褶子
袋口
(正面)
褶子摺疊示意圖
袋口
(正面)
縫份
0.4公分
＊裡、外袋身片褶子做法相同
固定內袋口邊條
袋口邊條(正面)
0.8公分
長邊反摺縫份 0.8 公分
袋口邊條(正面)
安裝爪釘式磁釦
0.2公分
袋身片／裡布
(正面)
＊爪釘式磁釦安裝方式
參照 p.27「安裝撞釘磁
釦」的步驟 4~5。
縫合袋身片兩側
袋身片／外布
(反面)
縫份
0.8公分
袋身片／裡布
(反面)
返口
縫份
0.8公分
＊在裡布預留返口
縫合袋底片
縫份0.8公分
袋身片(反面)
袋底片
(反面)
按照紙型記號點，點對
點對齊，方便縫合。
＊裡、外布袋做法相同
外袋身兩側安裝D環耳
縫線固定D環耳
縫份
0.4公分
外布袋
(正面)
縫份
0.8公分
外布袋
(反面)
裡布袋
(反面)
兩袋互套
從返口翻到正面，
參照 p.31，以藏針
縫縫合返口。
3. 固定提把、肩背帶
將現成提把以手縫方式固
定在「提把位置」上，在
D環耳扣上肩背帶即成。

弧底托特包

Round Tote Bag

紙型檔名 **no.18**

成品尺寸

整體＊寬 21.5 × 高 31.5 × 度 10 公分

提把＊總長 45 公分

材料

外布＊寬 90 × 長 50 公分 1 片

裡布＊寬 80 × 長 50 公分 1 片

拉鍊＊長 30 公分 1 條

厚牛革肩背帶＊寬 1.5 × 長 56 公分 2 條

排版方式

外布

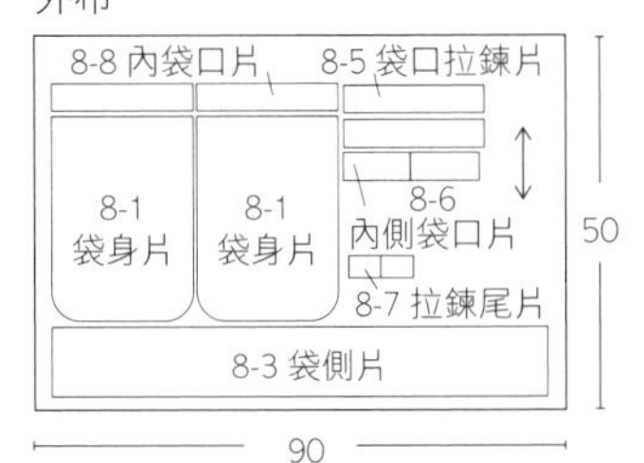

裡布

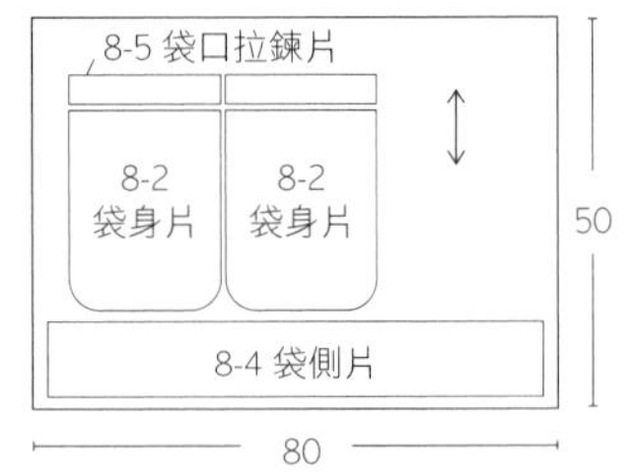

單位：公分

製作步驟

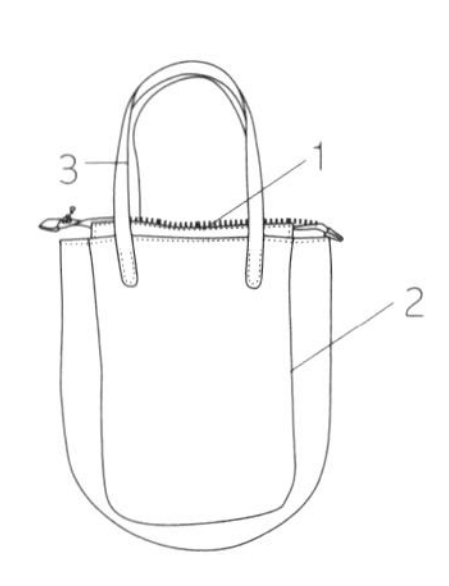

做法

前製作業：裁剪所需的布片，按照紙型中標示的記號，以粉圖筆等在布料上做摺疊所需的記號，再參照以下步驟製作。

1. 縫合袋口片與拉鍊：將拉鍊和袋口拉鍊片裡、外對齊縫合。

2. 縫合袋身：先將裡布袋身片、袋側片接合內袋口片和內側袋口片，然後分別將裡、外袋身片、袋側片縫合成袋型。在裡布袋預留返口，然後將袋口拉鍊片放入裡、外袋之間，與外布袋正面相對互套，對齊袋口後縫合固定，即完成袋型。

3. 固定提把：將現成提把以手縫方式，固定在「肩背帶位置」上即完成。

做法圖解

1. 縫合袋口片與拉鍊

在拉鍊織帶上畫出對位記號

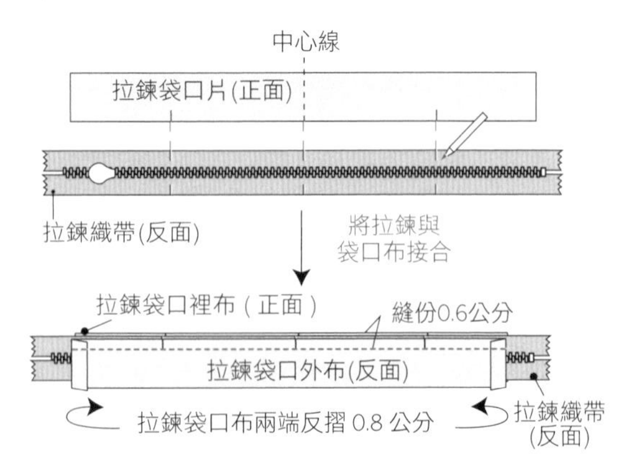

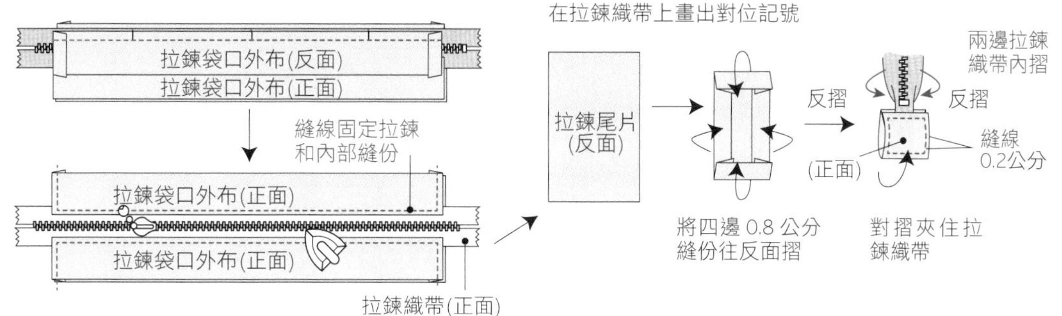
拉鍊袋口外布(反面)
拉鍊袋口外布(正面)
縫線固定拉鍊
和內部縫份
拉鍊袋口外布(正面)
拉鍊袋口外布(正面)
拉鍊織帶(正面)
在拉鍊織帶上畫出對位記號
拉鍊尾片
(反面)
反摺
兩邊拉鍊
織帶內摺
反摺
縫線
0.2公分
(正面)
將四邊 0.8 公分
縫份往反面摺
對摺夾住拉
鍊織帶

2. 縫合袋身

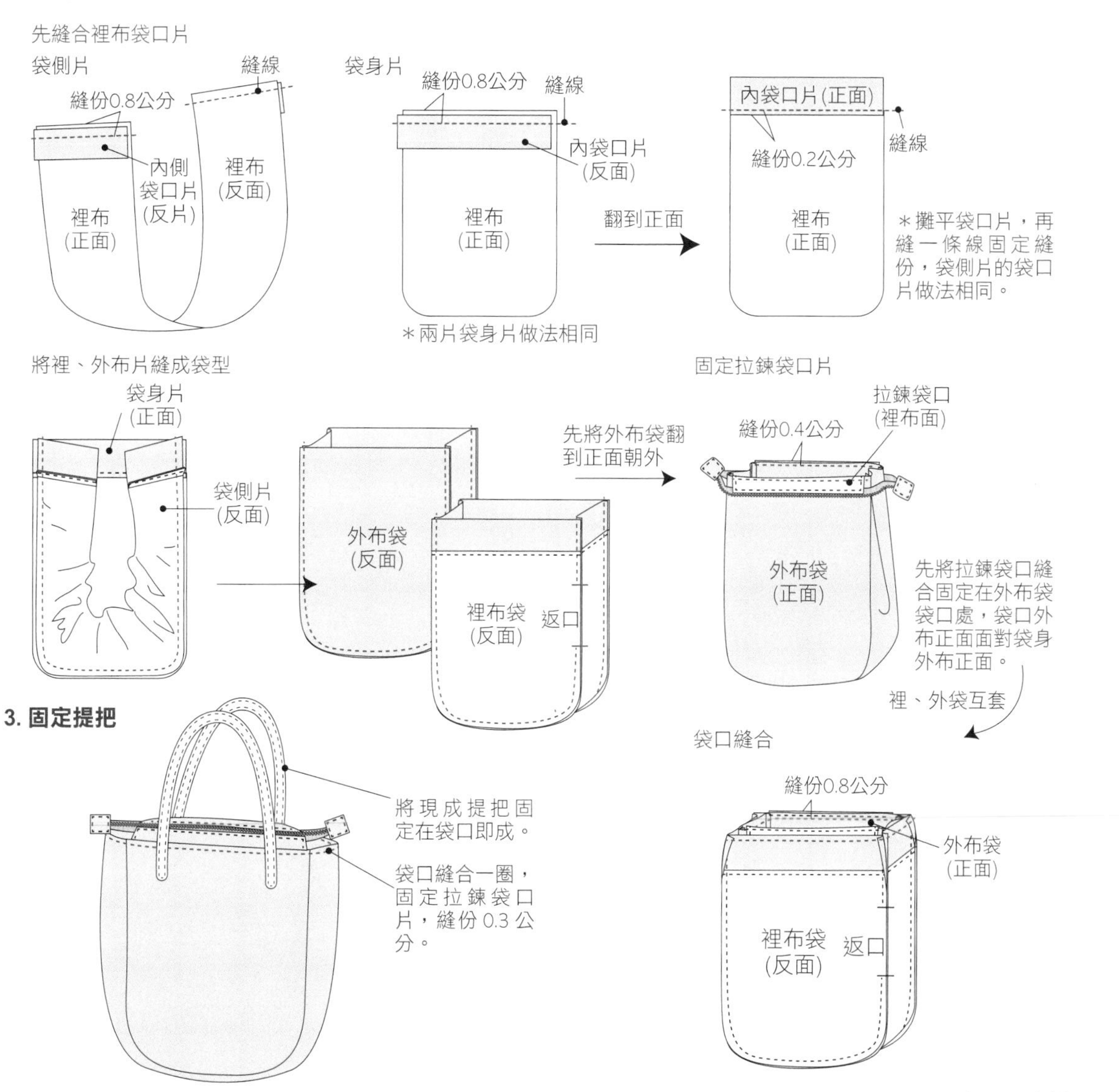
先縫合裡布袋口片
袋側片
縫線
縫份0.8公分
內側
袋口片
(反片)
裡布
(反面)
裡布
(正面)
袋身片
縫份0.8公分
縫線
內袋口片
(反面)
裡布
(正面)
翻到正面
內袋口片(正面)
縫線
縫份0.2公分
裡布
(正面)
＊攤平袋口片，再
縫一條線固定縫
份，袋側片的袋口
片做法相同。
＊兩片袋身片做法相同
將裡、外布片縫成袋型
袋身片
(正面)
袋側片
(反面)
外布袋
(反面)
裡布袋
(反面)
返口
先將外布袋翻
到正面朝外
固定拉鍊袋口片
縫份0.4公分
拉鍊袋口
(裡布面)
外布袋
(正面)
先將拉鍊袋口縫
合固定在外布袋
袋口處，袋口外
布正面面對袋身
外布正面。
裡、外袋互套
3. 固定提把
將現成提把固
定在袋口即成。
袋口縫合一圈，
固定拉鍊袋口
片，縫份 0.3 公
分。
袋口縫合
縫份0.8公分
外布袋
(正面)
裡布袋
(反面)
返口

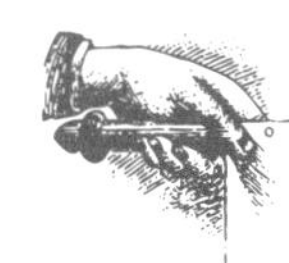

筆袋

Canvas Pen Case

紙型檔名 **no.19**

成品尺寸

整體＊寬 9.5 × 長 19.5 公分

材料

布料＊寬 25 × 長 25 公分 1 片

薄皮革＊寬 12 × 長 12 公分 1 片

拉鍊＊長 20 公分 1 條

包邊用人織帶（袋身）＊寬 2 × 長 39 公分 1 條

包邊用人織帶（袋口拉鍊）＊寬 1 × 長 24 公分 2 條

排版方式

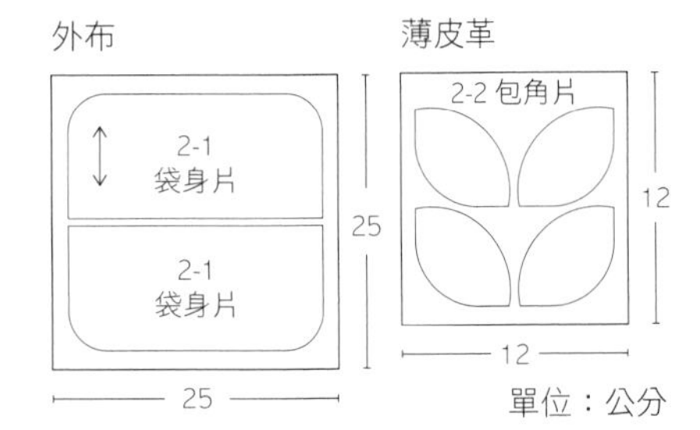

製作步驟

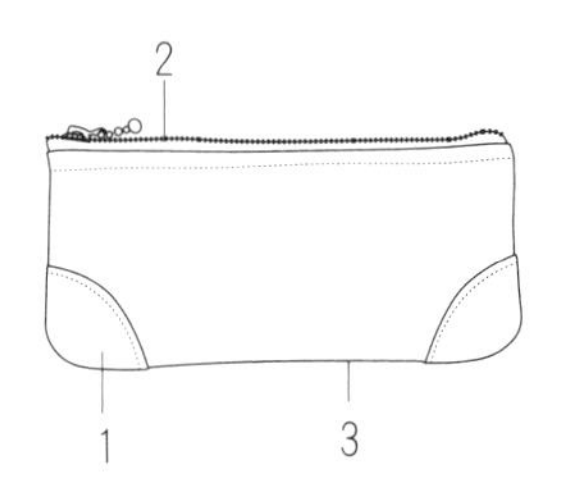

做法

裁剪所需的布片，按照紙型中所標示的記號，使用粉圖筆等記號工具，在布料上做出摺疊所需的記號後，跟著下列步驟依序完成。

1. 縫合包角片：將四片包角片分別縫合固定在兩片袋身片的下方。

2. 縫合拉鍊：將拉鍊固定在袋身片的袋口，詳細做法參照 p.26 將拉鍊固定在袋口。

3. 袋身成型：將兩片袋身片三邊對齊縫合，參照 p.24 將縫份包邊處理後即成。

做法圖解

1. 縫合包角片

袋身片

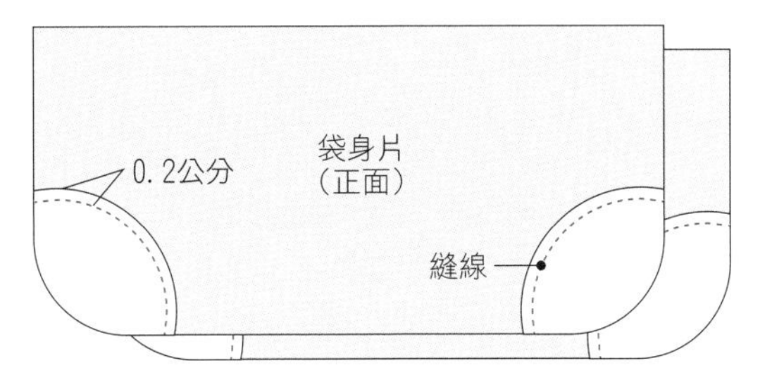

＊兩片袋身做法相同

2. 縫合拉鍊

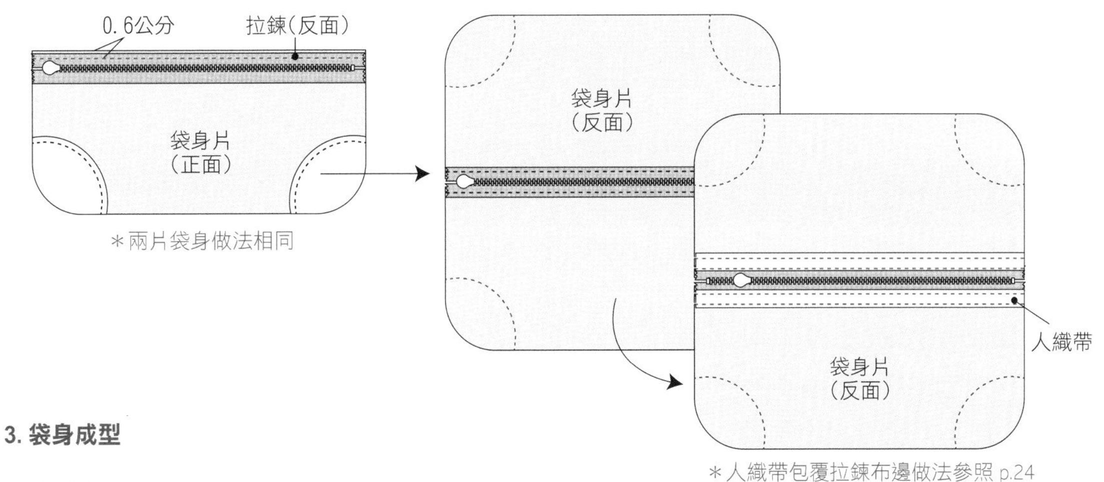

＊兩片袋身做法相同

＊人織帶包覆拉鍊布邊做法參照 p.24

3. 袋身成型

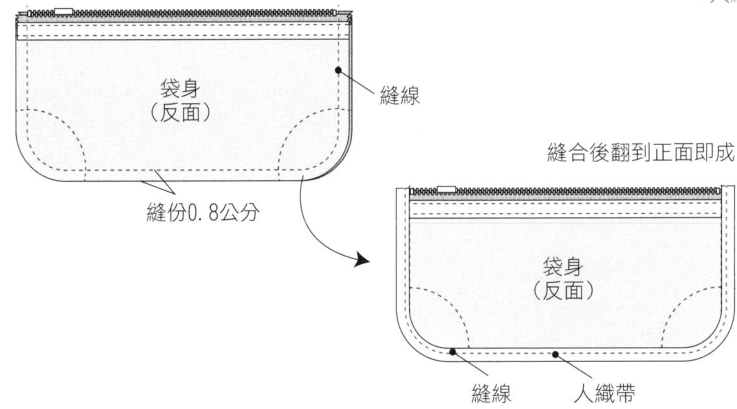

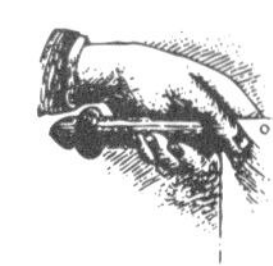

午餐袋
Lunch Tote Bag

紙型檔名 **no.20**

成品尺寸

整體＊寬 23.5 × 高 21 公分

提把＊總長 24.5 公分

材料

布料＊寬 50× 長 50 公分 1 片

排版方式

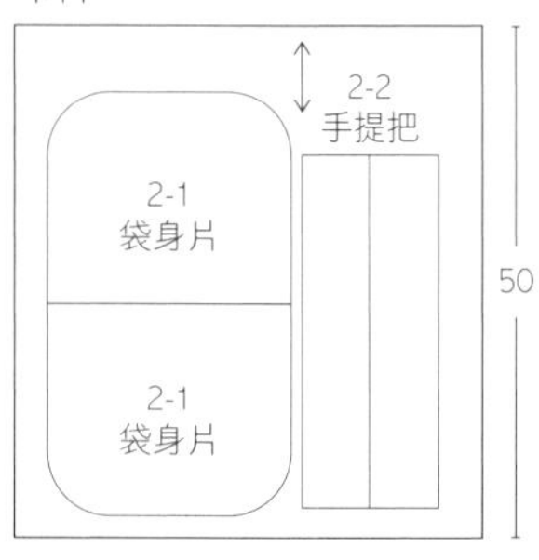

製作步驟

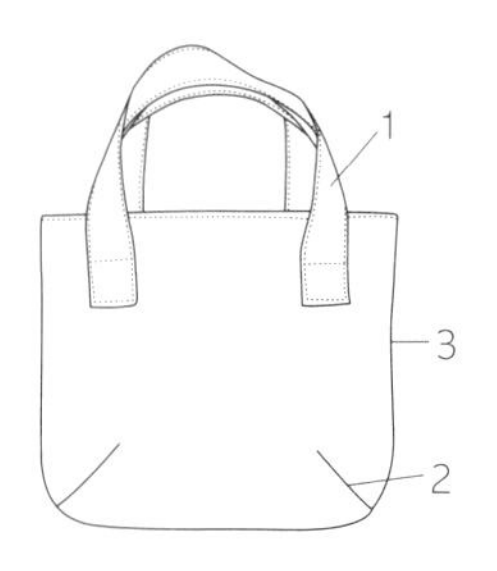

做法

前製作業：裁剪所需的布片，按照紙型中標示的記號，以粉圖筆等在布料上做摺疊所需的記號，再參照以下步驟製作。

1. 製作提把：參照 p.28，先將提把縫合完成。

2. 縫合袋底褶子：將兩片袋身片的袋底褶子縫合固定。

3. 縫合袋身：兩片袋身片反面相對，從正面布邊 0.3 公分處沿邊車縫一次，翻到反面，整理縫份，沿 0.5 公分處再縫一次。按照紙型標記，袋口反摺兩次 0.8 公分，縫合固定。

4. 固定提把：按照紙型標記，縫合固定提把即完成。

做法圖解

2. 縫合袋底褶子

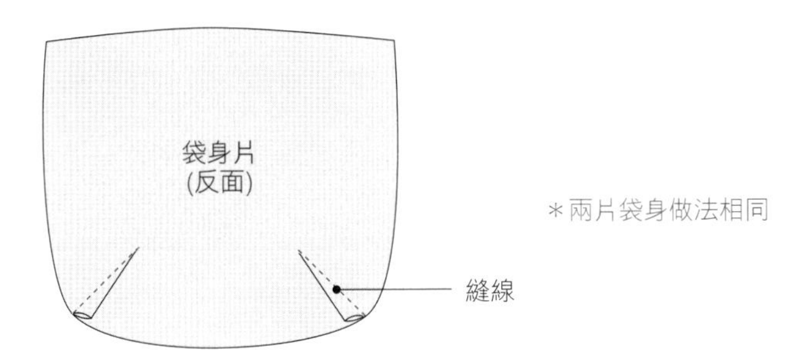

＊兩片袋身做法相同

3. 縫合袋身

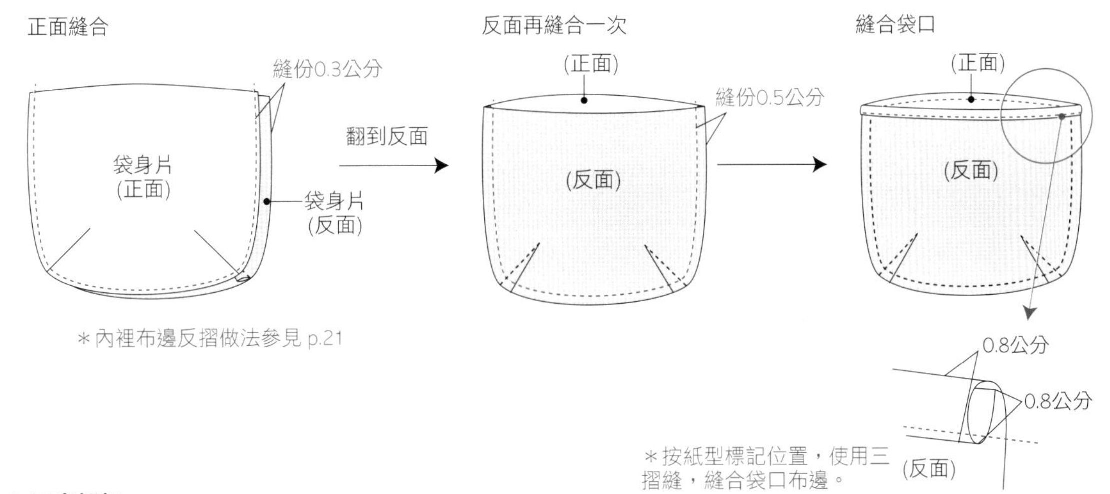

＊內裡布邊反摺做法參見 p.21

＊按紙型標記位置，使用三摺縫，縫合袋口布邊。

4. 固定提把

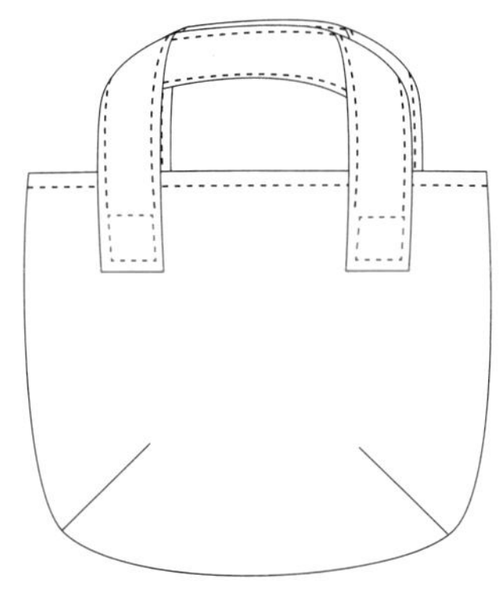

＊對應紙型標記縫合固定提把

馬鞍包
Canvas Saddle Bag

紙型檔名 **no.21**

成品尺寸

整體＊寬 27 × 高 24 × 厚 7 公分
可調式肩背帶＊總長 108 公分

材料

外布 A ＊寬 72 × 長 60 公分 1 片
外布 B ＊寬 30 × 長 25 公分 1 片
裡布＊寬 70 × 長 75 公分 1 片
固定釦＊直徑 0.8 公分 2 組
水桶釘＊直徑 1.2 公分 4 組
撞釘磁釦＊直徑 1.4 公分 2 組
日形環＊內徑 2.5 公分 1 組
方形環＊內徑 2.5 公分 1 組

排版方式

外布 A　外布 B

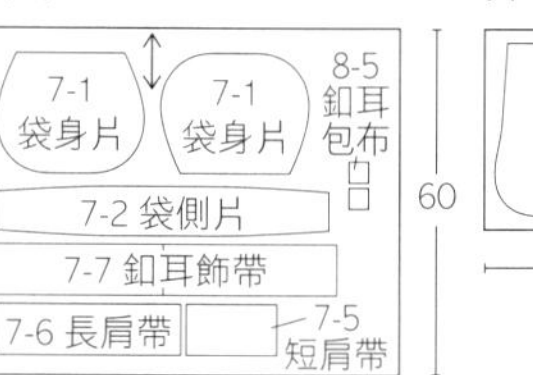

裡布

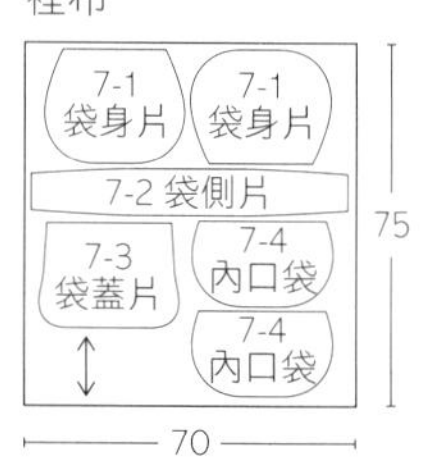

單位：公分

製作步驟

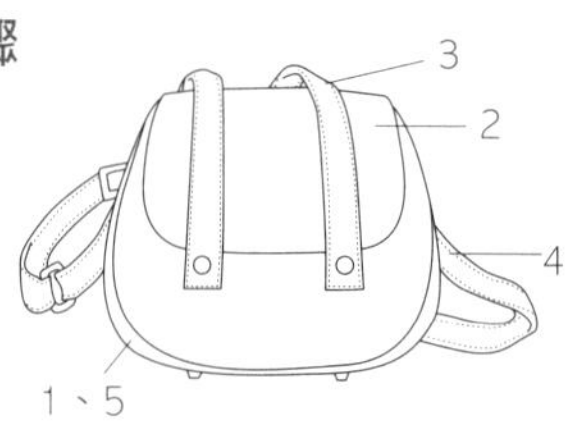

做法

前製作業：裁剪所需的布片，按照紙型中標示的記號，以粉圖筆等在布料上做摺疊所需的記號，再參照以下步驟製作。

1. 製作裡、外袋身和內口袋：在袋身裡布後片固定內口袋。將裡、外袋身片和袋側片分別縫成兩個袋身，裡袋預留返口，在外袋底四個角落裝上水桶釘。

2. 製作、安裝袋蓋片：縫合袋蓋片裡、外布片，預留返口翻到正面，按照紙型標記，對齊袋身片的「背面袋蓋固定線」，以直線縫合固定。

3. 製作長、短肩帶、釦耳飾帶：參照 p.28，將肩背帶從正面向反面中心反摺四等份，以直線縫合固定，短肩帶做法相同，並套入方形環。可調式背帶做法則參照 p.29。

4. 固定長、短肩背帶、釦耳飾帶和磁釦：按照紙型標記，在袋側片縫合固定肩背帶，袋身片前後分別安裝釦耳飾帶和磁釦。

5. 組合裡、外袋：外袋正面朝外，套入正面朝內的內袋，並把袋蓋、肩背帶等凸出的布片都塞進袋內，兩袋袋口對齊，以 0.8 公分縫份縫合，然後翻到正面，參照 p.31，以藏針縫縫合返口即完成。

做法圖解

1. 製作裡、外袋身和內口袋

2. 製作、安裝袋蓋片

3. 製作長、短肩帶、釦耳飾帶

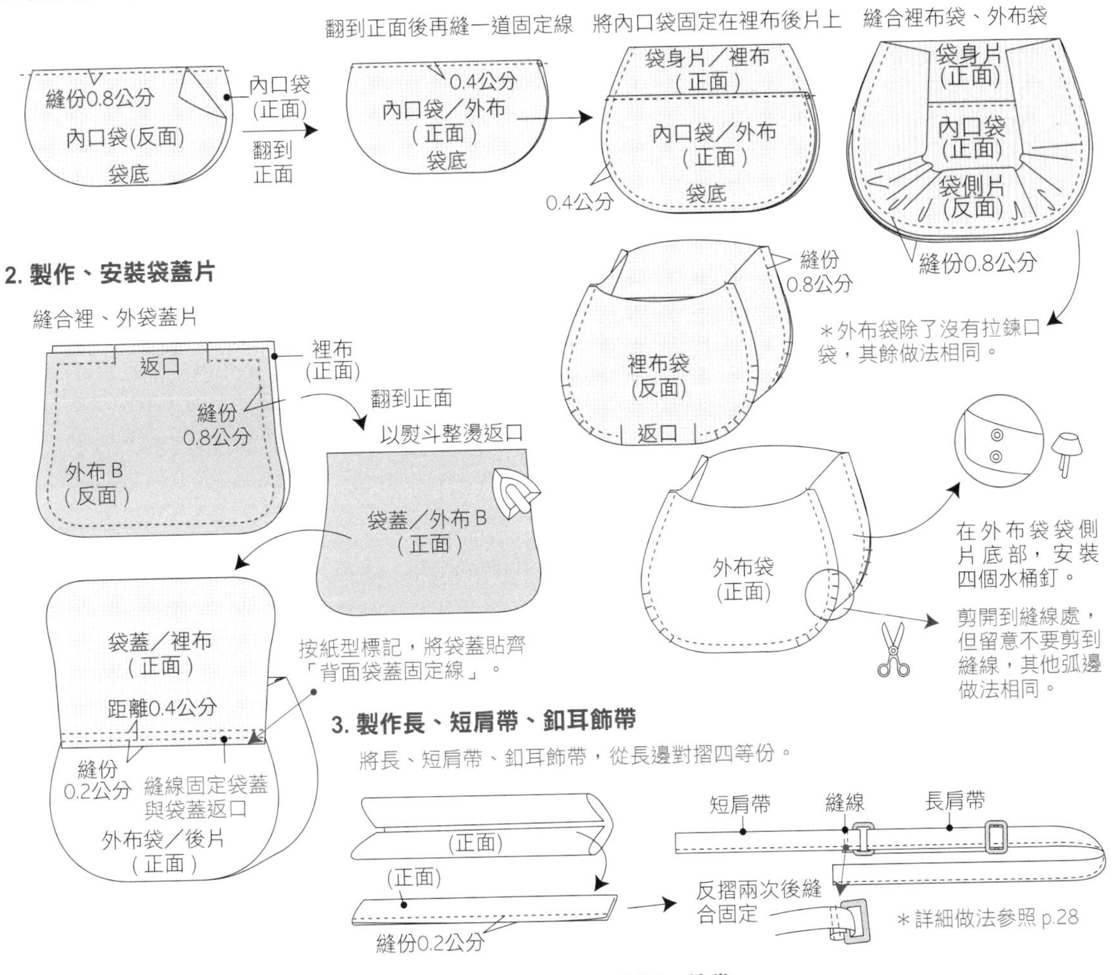

4. 固定長、短肩背帶、釦耳飾帶和磁釦

5. 組合裡、外袋

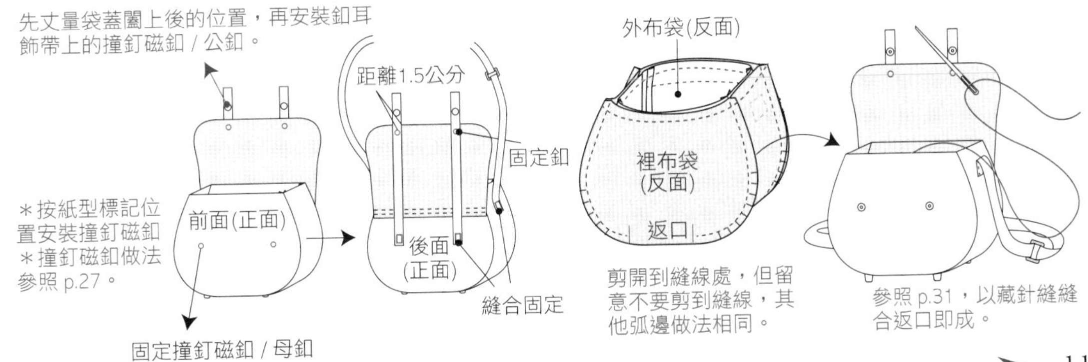

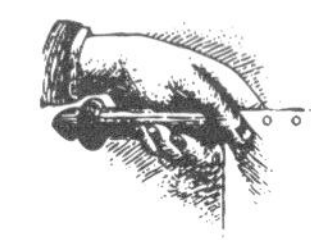

手提水壺袋
Water Bottle Pouch

紙型檔名 **no.22**

成品尺寸

整體＊寬 7.5 × 高 26 × 厚 7.5 公分

提把＊總長 35 公分

材料

外布＊寬 50 × 長 32 公分 1 片

裡布＊寬 40 × 長 30 公分 1 片

束口棉繩＊粗 0.3 × 長 28 公分 2 條

排版方式

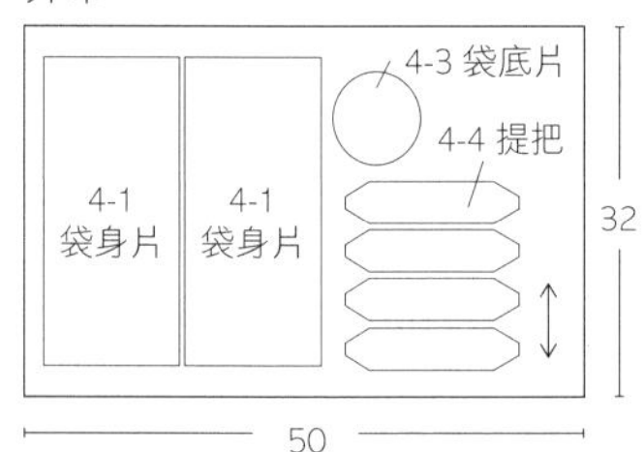

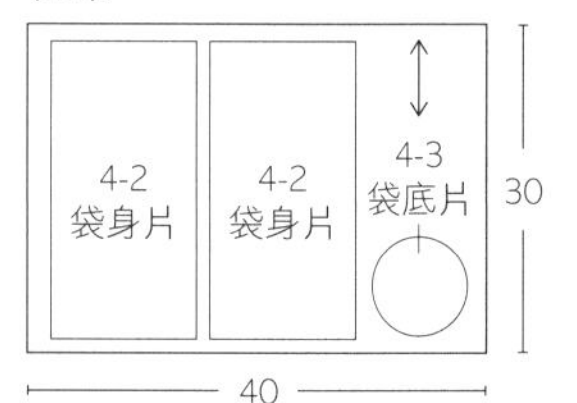

單位：公分

製作步驟

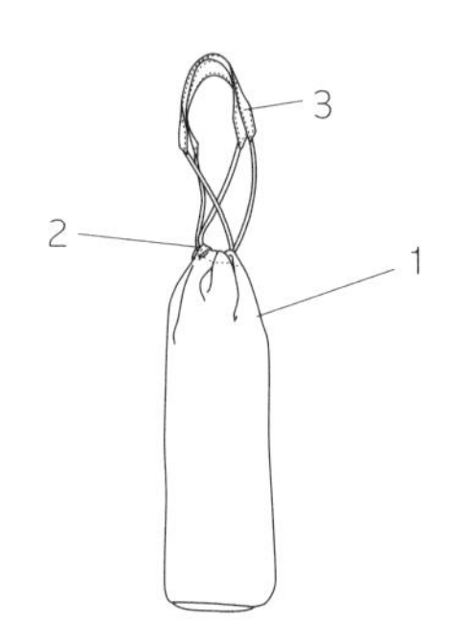

做法

前製作業：裁剪所需的布片，按照紙型中標示的記號，以粉圖筆等在布料上做摺疊所需的記號，再參照以下步驟製作。

1. 製作袋身：分別將裡、外袋身片各自縫成袋型，記得在裡袋預留返口。將裡、外袋正面相對互套，對齊袋口後縫合。

2. 安裝束繩：按照紙型標記，在袋口約 1.5 公分處車縫一圈，穿入束繩。

3. 固定提把布片：在束繩兩端縫上提把布片即完成。

做法圖解

1. 製作袋身

分別將裡、外袋身片各自縫成袋型

外袋

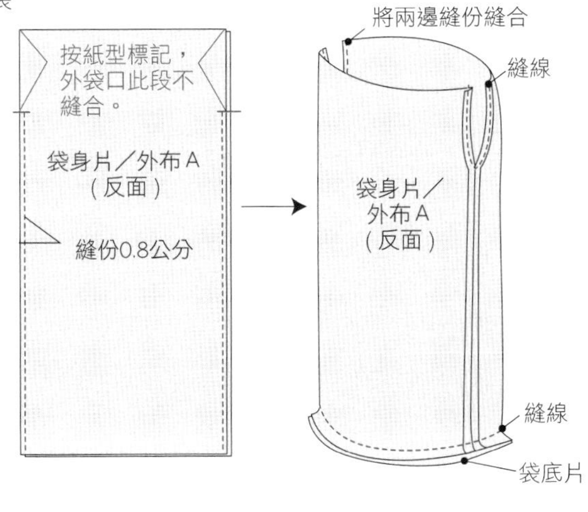

裡袋

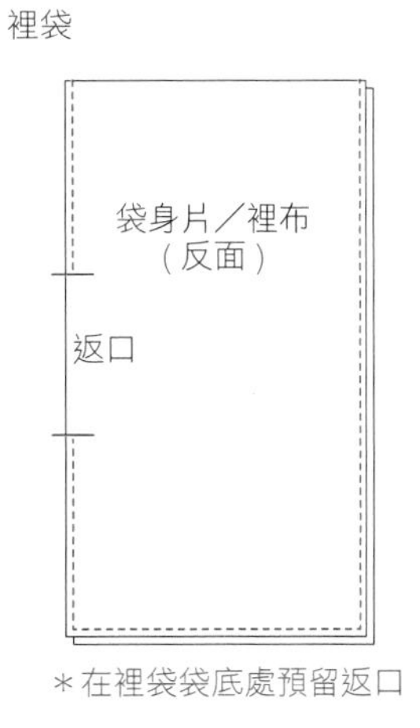

＊在裡袋袋底處預留返口

翻到正面，
並套入外袋。

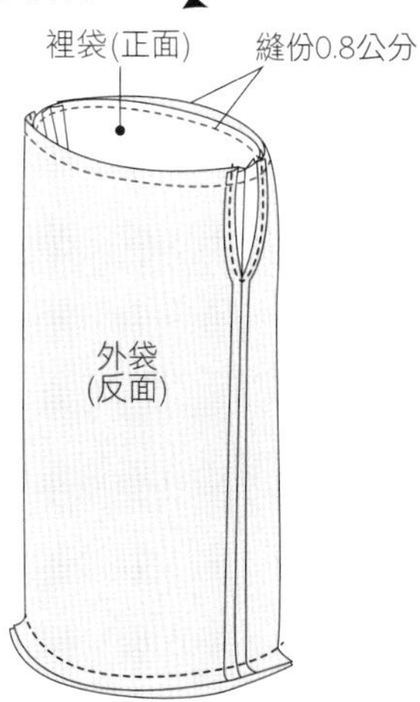

2. 安裝束繩

縫合袋口

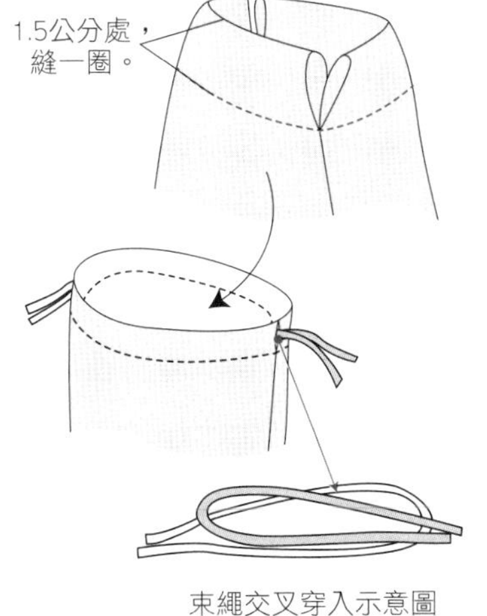

束繩交叉穿入示意圖

3. 固定提把布片

先縫合提把長邊

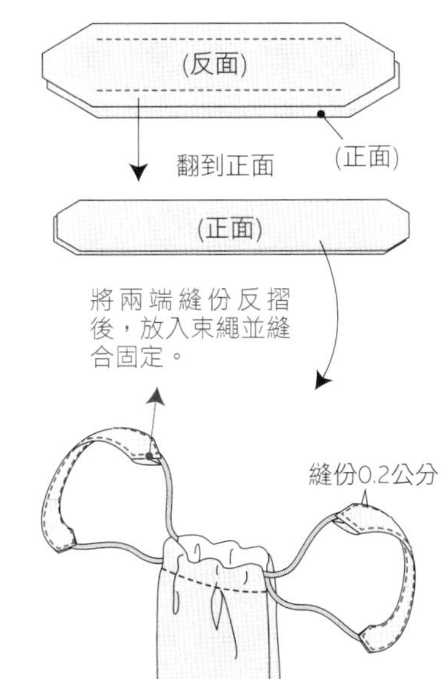

酒袋包
Wine Tote Bag

紙型檔名 **no.23**

成品尺寸

整體＊寬 20 × 高 27.5 × 厚 20 公分

可調式束口提把＊總長 48 公分

材料

外布 A ＊寬 45 × 長 45 公分 1 片

外布 B ＊寬 45 × 長 45 公分 1 片

裡布＊寬 90 × 長 45 公分 1 片

裁縫用 PP 板（薄）＊寬 19.5 × 高 4 公分 2 片

雞眼＊直徑 1.8 公分 8 組

袋口棉繩＊直徑 1 × 長 115 公分 1 條

排版方式

外布 A 、外布 B

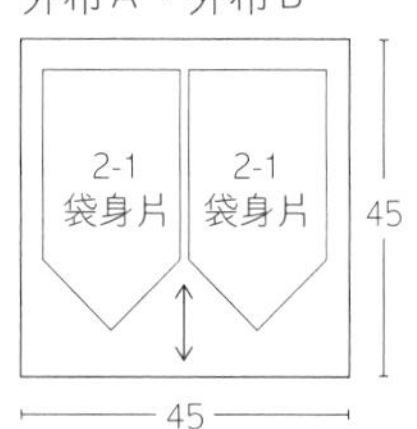

裡布

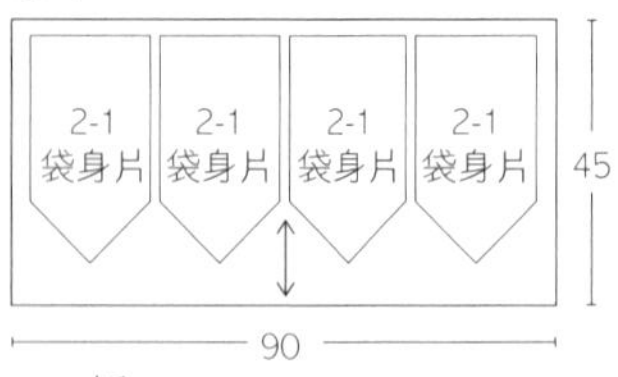

PP 板

2-2 袋口補強片

2-2 袋口補強片

4

19.5

單位：公分

製作步驟

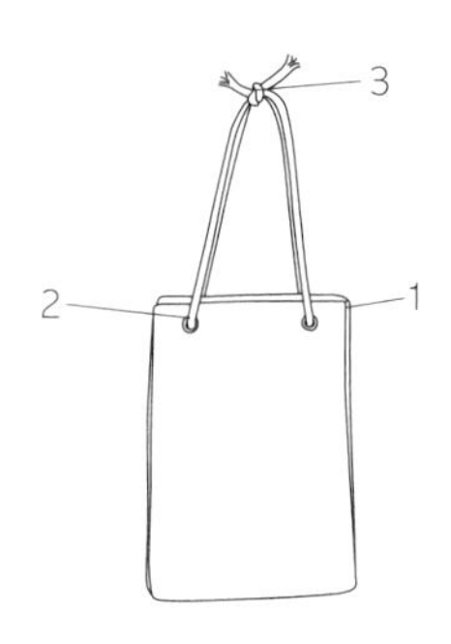

做法

前製作業：裁剪所需的布片，按照紙型中標示的記號，以粉圖筆等在布料上做摺疊所需的記號，再參照以下步驟製作。

1. 縫合袋身：分別將外布、裡布各自縫成袋後，正面相對互套，對齊後縫合袋口，並在裡布預留返口，翻到正面。

2. 安裝雞眼、PP 板：按照紙型標記，在 PP 板上穿孔，從返口放入 PP 板，在袋口對應 PP 板的孔位穿孔，安裝好雞眼。

3. 安裝束繩：穿上束繩即完成。

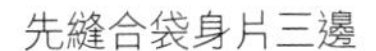

做法圖解

1. 縫合袋身

先縫合袋身片三邊

兩片袋身正面相對重疊，縫合另一邊。

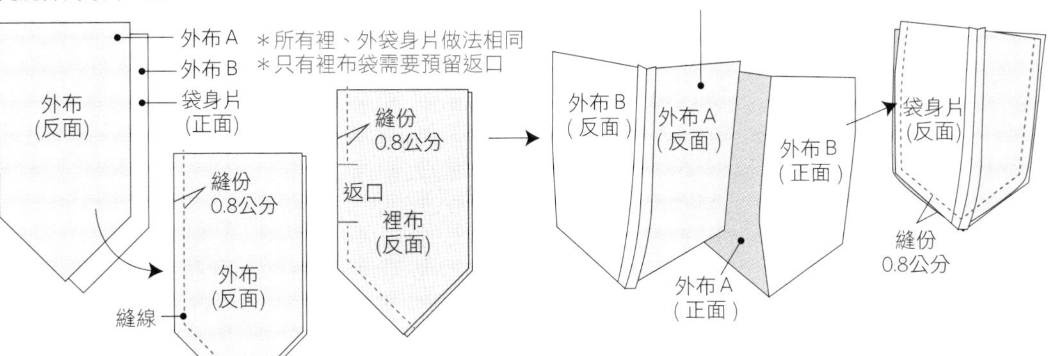

組合袋身

翻到正面

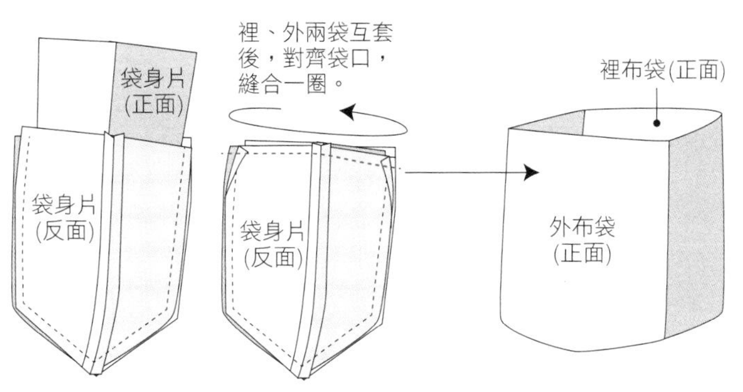

2. 安裝雞眼、PP板

按紙型標記，在PP板上穿孔。

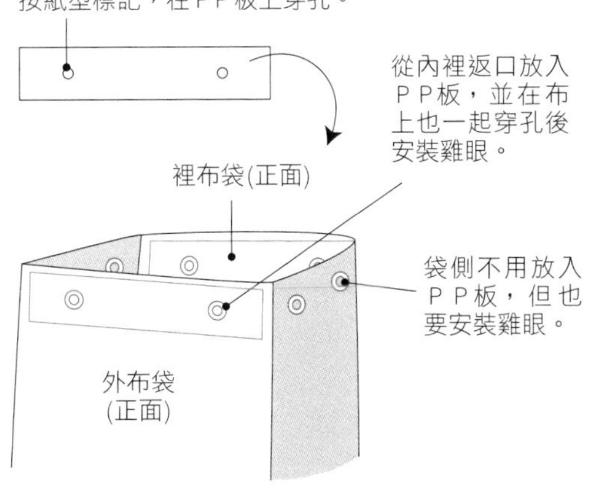

＊雞眼安裝做法參照 p.27

＊參照 p.31，以藏針縫縫合裡袋返口。

3. 安裝束繩

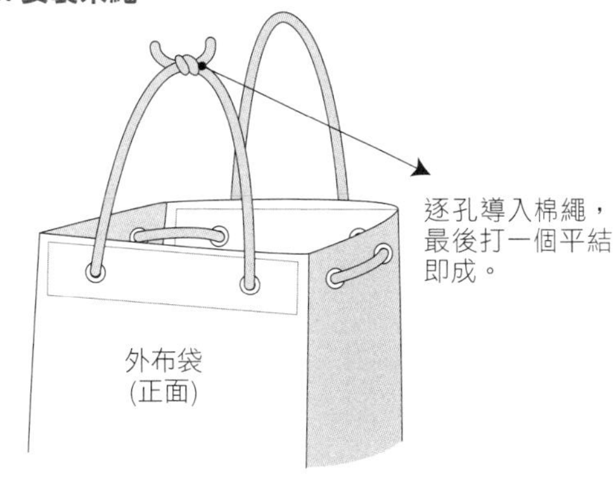

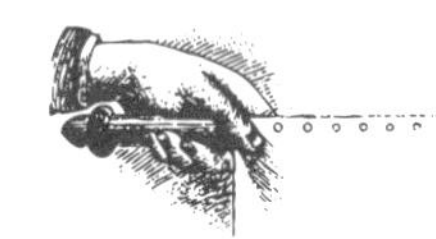

萬用托特包

All Purpose Tote Bag

紙型檔名 **no.24**

成品尺寸

整體＊寬 19.5× 高 22× 厚 14 公分

提把＊總長 33.5 公分

材料

外布 A ＊寬 93 × 長 30 公分 1 片

外布 B ＊寬 18 × 長 23 公分 1 片

裡布＊寬 93 × 長 30 公分 1 片

厚牛皮＊寬 45 × 長 7 公分 1 片

拉鍊＊長 26 公分 1 條

固定釦＊直徑 0.8 公分 8 組

撞釘磁釦＊直徑 1.4 公分 1 組

排版方式

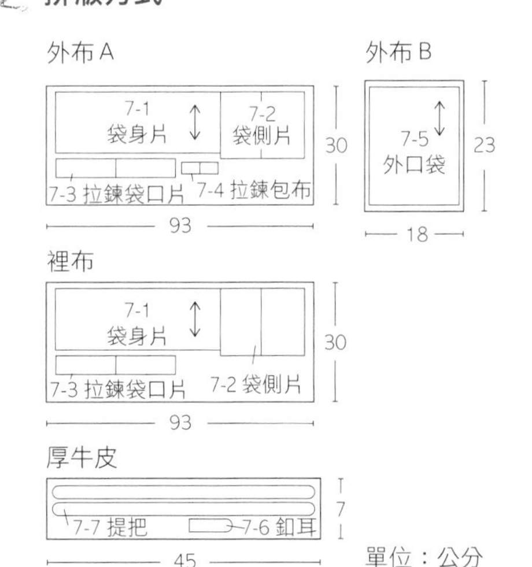

單位：公分

製作步驟

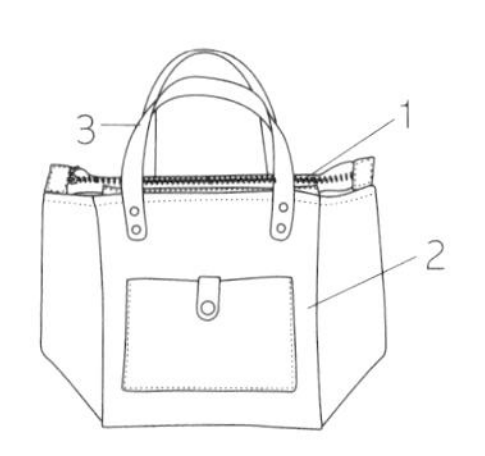

做法

前製作業：裁剪所需的布片，按照紙型中標示的記號，以粉圖筆等在布料上做摺疊所需的記號，再參照以下步驟製作。

1. 縫合袋口片與拉鍊：將拉鍊和袋口拉鍊片裡、外對齊縫合。

2. 縫合袋身、外口袋、磁釦、釦耳：先將外口袋片對摺縫合並翻到正面，安裝磁釦母片後，縫合固定在袋身片上，按紙型標示固定釦耳。分別將裡、外袋身片、袋側片縫合成袋型，並固定拉鍊袋口片，在裡布袋預留返口，翻到正面。

3. 固定提把：將皮裁成的提把固定在袋身上即完成。

做法圖解

1. 縫合袋口片與拉鍊

在拉鍊織帶上畫出對位記號

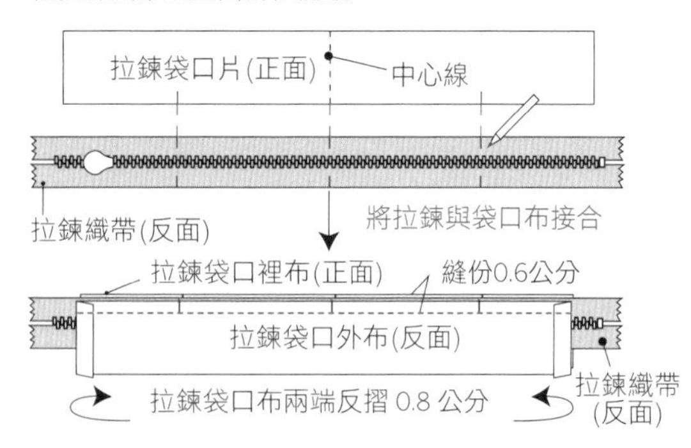

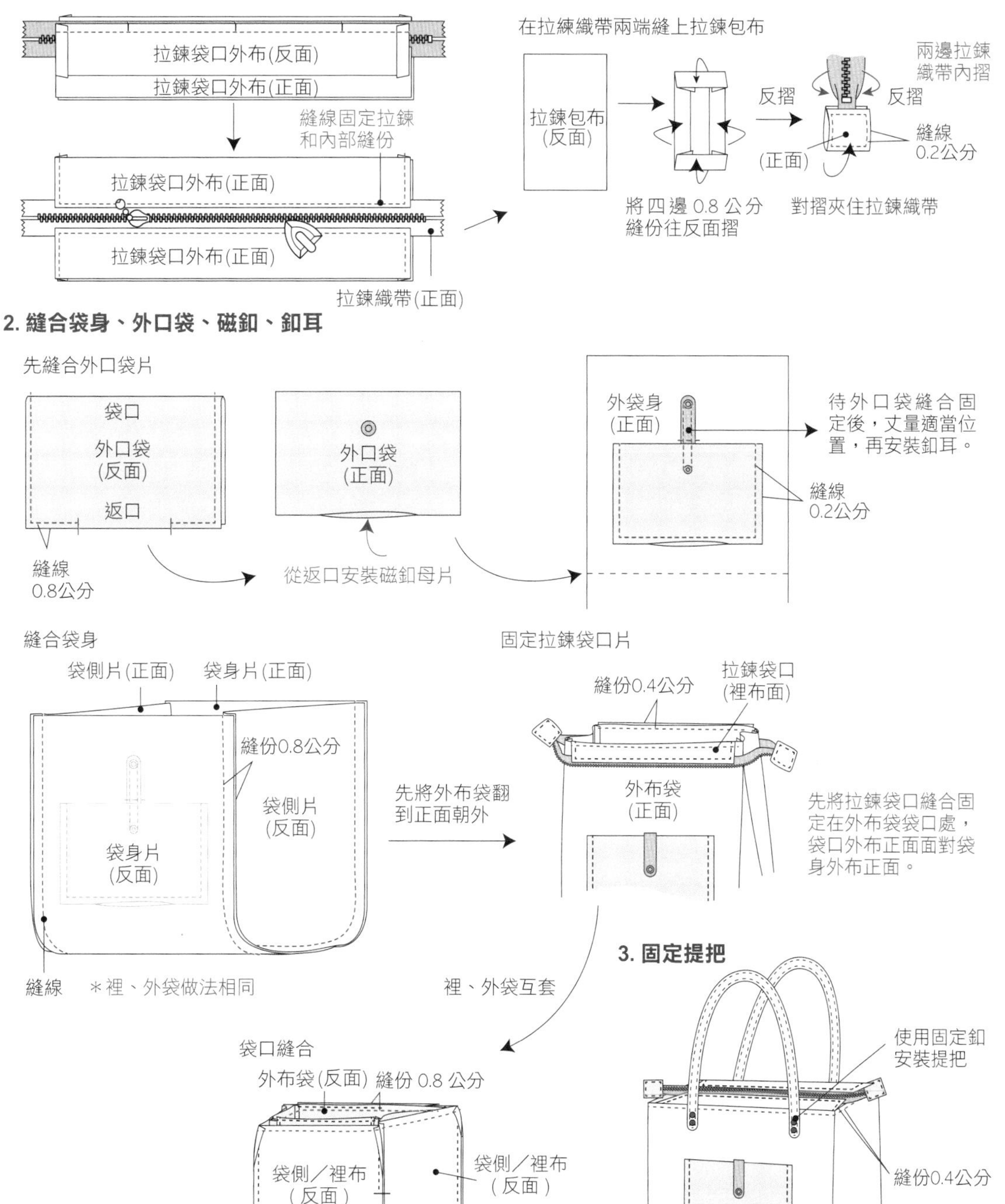

2. 縫合袋身、外口袋、磁釦、釦耳

3. 固定提把

＊參照 p.31，以藏針縫縫合裡布返口。

梯形書包

Trapezoid School Bag

紙型檔名 **no.25**

成品尺寸

整體＊寬 31 × 高 22.5 × 厚 10 公分
提把＊總長 37 公分
可調式肩背帶＊總長 112 公分

材料

外布 A ＊寬 68 × 長 55 公分 1 片
外布 B ＊寬 68 × 長 23 公分 1 片
裡布＊寬 98 × 長 50 公分 1 片
裁縫用 PP 板（厚）＊寬 27 × 高 9.6 公分 1 片
拉鍊＊長 40 公分 1 條
提把織帶＊寬 2.5 × 長 48 公分 2 條
肩背織帶＊寬 2.5 × 長 120 公分 1 條
D 環耳織帶＊寬 2.5 × 長 5 公分 2 條
問號鉤＊直徑 2.5 公分 2 組
日形環＊直徑 2.5 公分 1 組
D 形環＊直徑 2.5 公分 2 組

排版方式

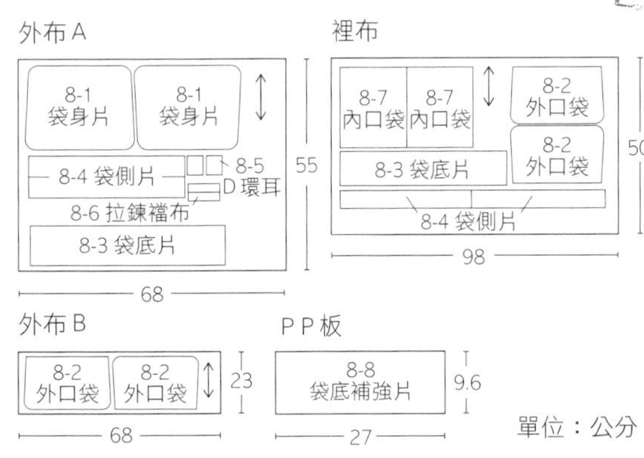

單位：公分

製作步驟

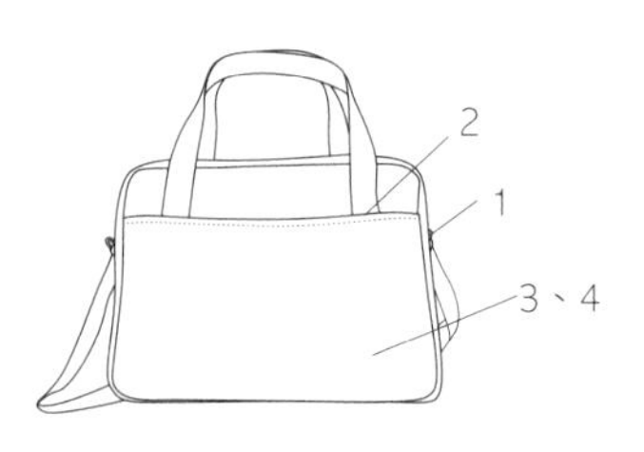

做法

前製作業：裁剪所需的布片，按照紙型中標示的記號，以粉圖筆等在布料上做摺疊所需的記號，再參照以下步驟製作。

1. 製作、固定 D 環耳：將 D 環耳布片正面朝外，向內摺四等份，以直線縫合固定，然後套入 D 形環對摺，縫合固定在袋身片上的 D 環耳位置。

2. 固定外口袋、織帶提把、內口袋：按照紙型標記，將織帶提把固定在外口袋／外片袋口，再與裡片正面相對縫合袋口，翻到正面，沿邊緣 0.4 公分縫一條線。分別對摺兩片內口袋片，按照紙型標記，分別縫合固定在袋身片裡布正面。

3. 縫合袋身：在外布的袋側片上縫合拉鍊、拉鍊襠片，再分別將裡布、外布的兩片袋側片和一片袋底片、兩片袋身片，縫合成兩個袋型。

4. 組合裡、外袋：將 P P 板從返口放入袋底後，參照 p.31，以藏針縫從拉鍊處縫合裡、外袋，然後參照 p.29 鉤上肩背帶即完成。

做法圖解

1. 製作、固定 D 環耳

D 環耳

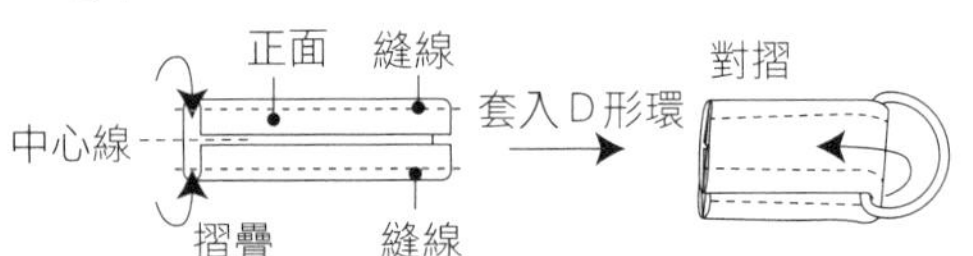

固定 D 環耳

2. 固定外口袋、織帶提把、內口袋

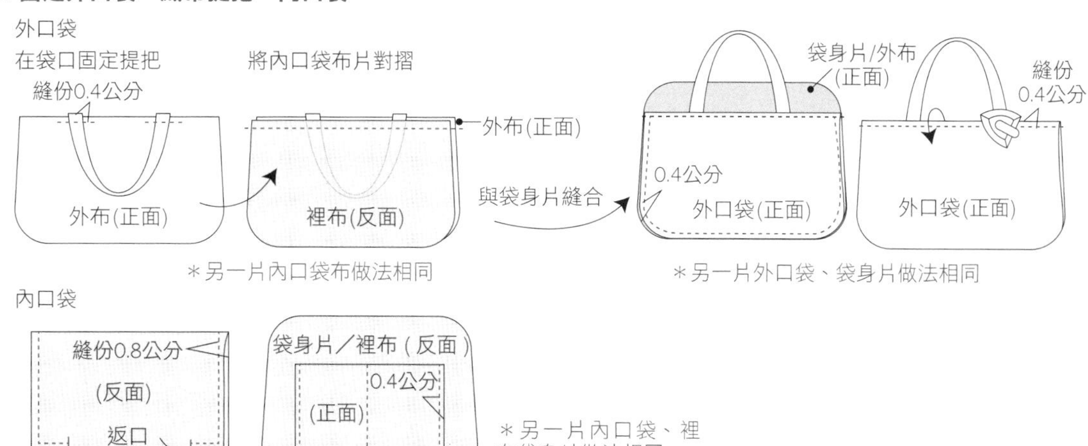

3. 縫合袋身

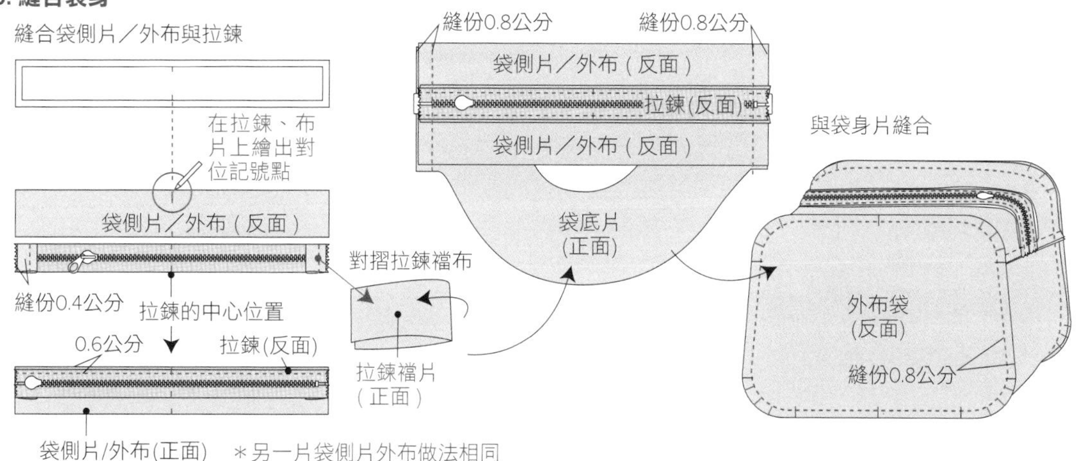

4. 組合裡、外袋

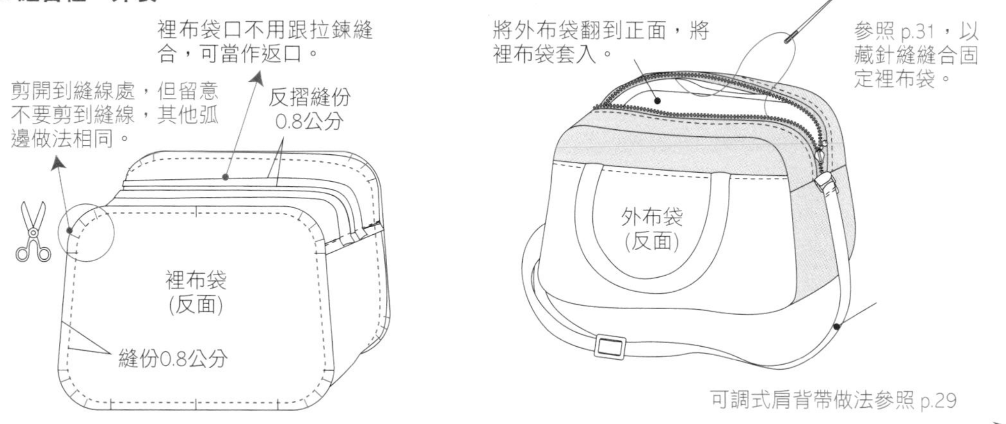

小方包

Cubic Bag

紙型檔名 **no.26**

成品尺寸

整體＊寬 21 × 高 15.5 × 厚 7.5 公分

提把＊總長 23 公分

材料

外布＊寬 50 × 長 40 公分 1 片

外布 B ＊寬 36 × 長 22 公分 1 片

硬襯＊寬 33 × 長 5 公分 1 片

拉鍊＊長 30 公分 1 條

包邊用人織帶（袋身）＊寬 1.5 × 長 84 公分 2 條

包邊用人織帶（袋口拉鍊）＊寬 1 × 長 32 公分 2 條

肩背織帶＊寬 2 × 長 110 公分 1 條

手提織帶＊寬 2× 長 56 公分 2 條

日形環＊直徑 2 公分 1 組

問號鉤＊直徑 2 公分 2 組

D 形環＊直徑 2 公分 2 組

做法

前製作業：裁剪所需的布片，按照紙型中標示的記號，以粉圖筆等在布料上做摺疊所需的記號，再參照以下步驟製作。

1. 製作、固定 D 環耳：將 D 環耳布片正面朝外，向內摺四等份，以直線縫合固定，套入 D 形環對摺，縫合固定在袋身片上的 D 環耳位置。

2. 固定前外口袋片、手提織帶：按照紙型標記，將前外口袋片縫合袋口布邊後，固定在一片袋身片正面，再依照紙型位置，將手提織帶固定在前外口袋片上，沿織帶邊緣 0.2 公分縫一條線。

製作步驟

3. 縫合底部補強布：將底部補強布四邊往反面反摺 0.8 公分，縫合固定在側袋底片正面。

4. 縫合袋身：在袋口片上縫合拉鍊、拉鍊檔片，再將袋口片和兩片袋身片、 一片側袋底片縫合，裡布布邊則參照 p.20 包邊法，使用人織帶包覆布邊縫合。

5. 製作肩背帶：參照 p.29，製作可調式肩背帶，鉤上 D 環耳即成。

排版方式

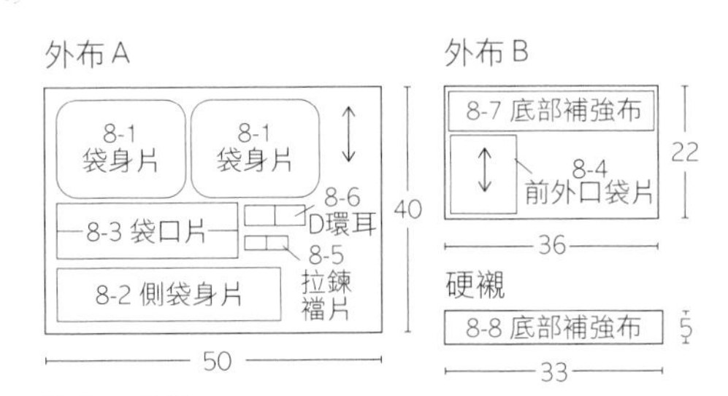

單位：公分

做法圖解

1. 製作、固定 D 環耳

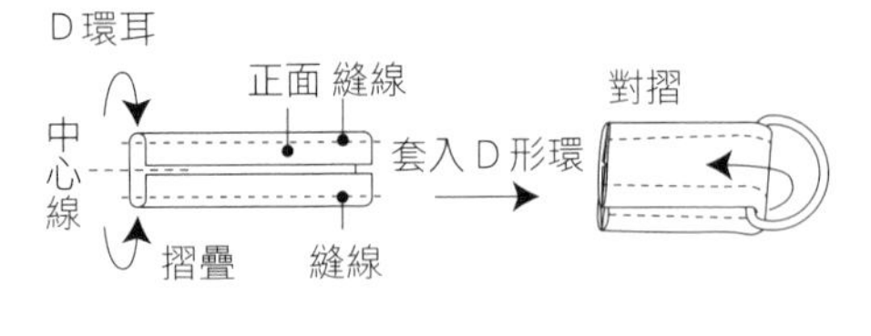

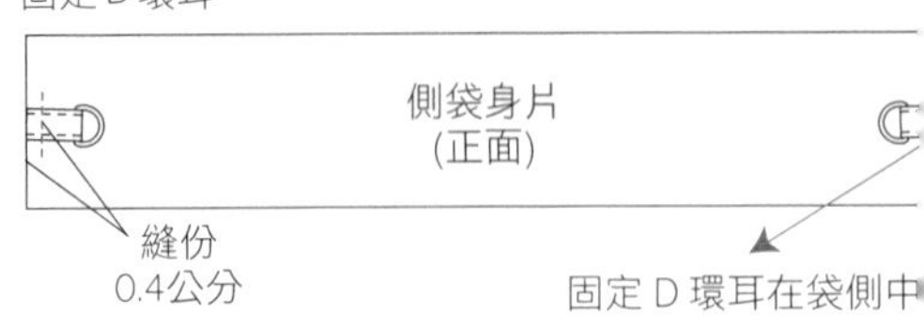

2. 固定前外口袋片、手提織帶

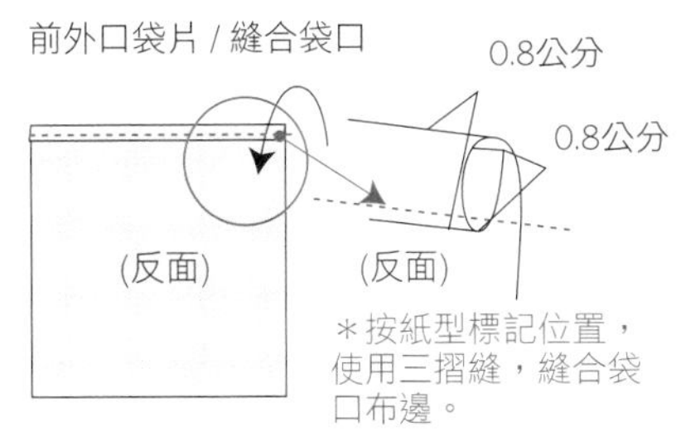

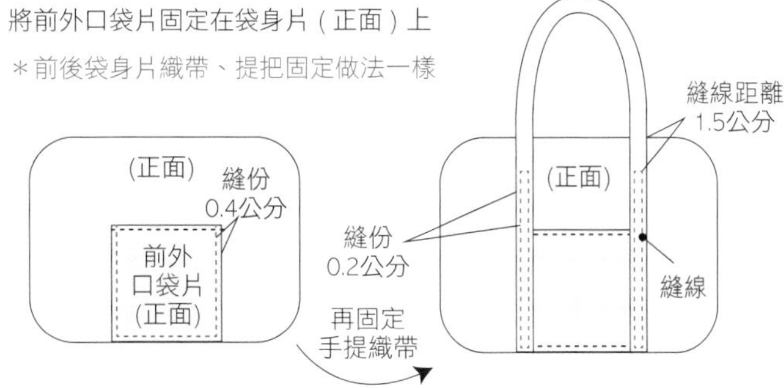

3. 縫合底部補強布

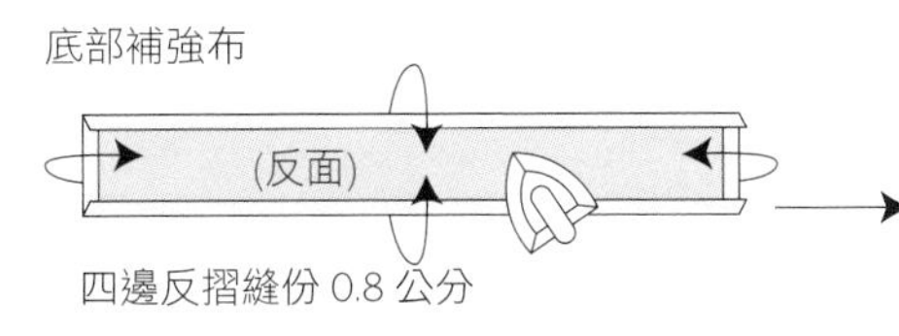

4. 縫合袋身

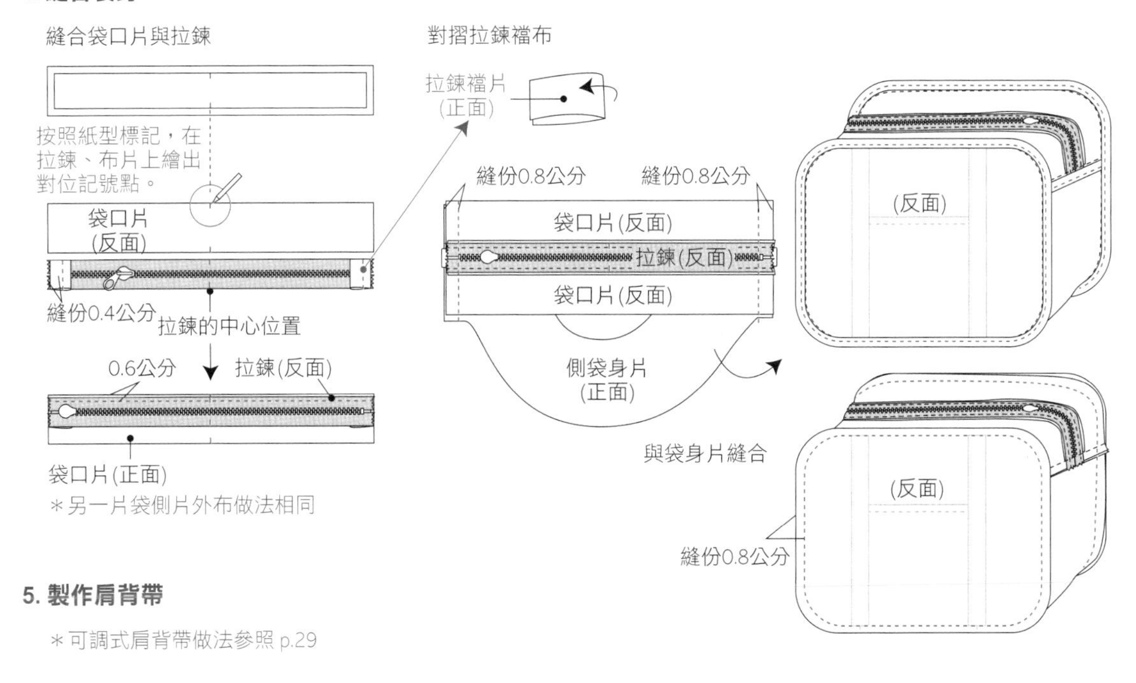

5. 製作肩背帶

＊可調式肩背帶做法參照 p.29

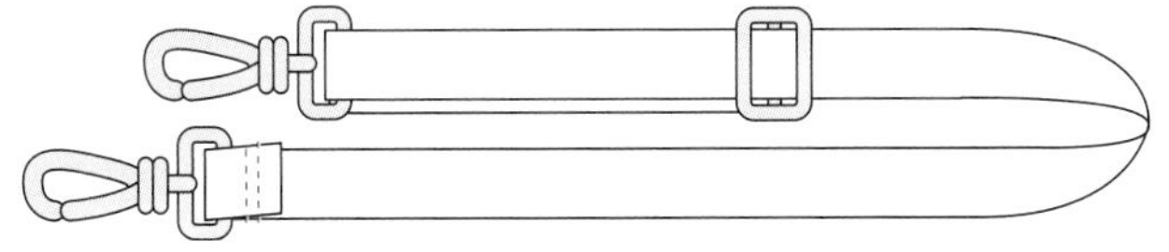

＊使用人織帶包覆布邊縫合，做法參照 p.20。

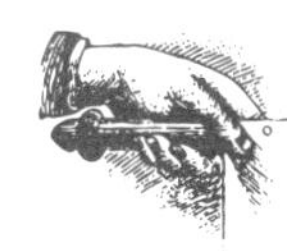

護肩後背包

Shoulder Pads Backpack

紙型檔名 **no.27**

成品尺寸

整體＊寬 26 × 高 36 × 厚 9 公分

提把＊總長 18.5 公分

可調式肩背帶＊總長 105 公分

材料

外布 A ＊寬 95 × 長 60 公分 1 片

外布 B ＊寬 40 × 長 45 公分 1 片

外布 C ＊寬 30 × 長 35 公分 1 片

裡布＊寬 115 × 長 70 公分 1 片

厚夾棉＊寬 40 × 長 15 公分 1 片

牛津襯＊寬 90 × 長 53 公分 1 片

牛皮＊寬 19 × 長 16 × 厚 0.15 公分 1 片

拉鍊＊長 40 公分 1 條

爪釘式磁釦＊直徑 1.4 公分 1 組

日形環＊內徑寬 2.5 公分 2 組

皮帶頭＊內徑寬 2.5 公分 1 組

手提織帶＊寬 2.5 × 長 26 公分 2 條

長肩背織帶＊寬 2.5 × 長 110 公分 2 條

短肩背織帶＊寬 2.5 × 長 6 公分 2 條

包邊用人織帶（袋身）＊寬 2 × 長 130 公分 2 條

包邊用人織帶（肩背帶）＊寬 1.5 × 長 81 公分 2 條

做法

前製作業：裁剪所需的布片，按照紙型中標示的記號，以粉圖筆等在布料上做摺疊所需的記號，再參照以下步驟製作。

製作步驟

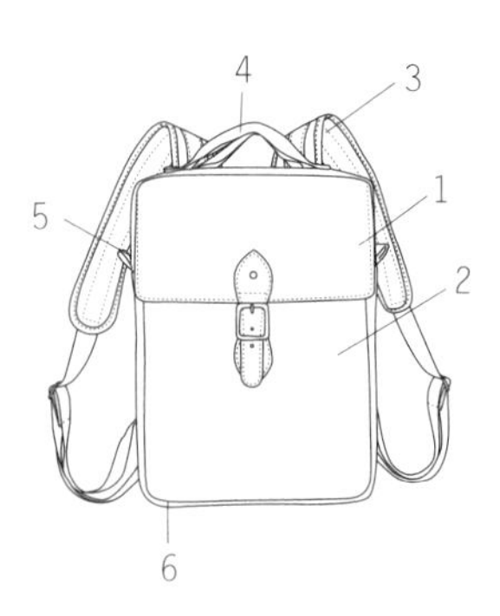

1. 製作外口袋蓋：將裡、外片口袋蓋正面相對，從反面沿著縫份 0.8 公分縫合三邊，翻至正面後沿邊緣 0.2 公分再縫一次，將皮革釦耳上片反面相對貼合，縫合固定，安裝在袋蓋上。下片裝上皮帶頭和磁釦公片後對摺貼合，縫合，穿入釦耳上片。

2. 製作裡、外口袋片：將外口袋裡、外布片正面相對，從反面縫合袋口，安裝磁釦母片。另外兩片裡布口袋則將袋口處反摺兩次 0.8 公分縫份，縫合固定。將外口袋和袋蓋固定在外袋身片正面，兩片內口袋片分別縫合固定在兩片裡布袋身片正面。

3. 製作肩背護墊、肩背帶：在兩片肩背護墊布片反面燙貼厚夾棉，然後疊上另一片布片，沿著布邊 0.4 公分縫合一圈，再包覆人織帶包邊縫合。

4. 製作手提織帶：將兩條織帶分別在中段手提部位對摺，按照紙型標記，固定在袋側片上。

5. 製作固定拉鍊耳、縫合袋身和肩背帶：將拉鍊耳布片正面朝外，向內摺四等份，以直線縫合固定，縫合固定在袋身片上的相對位置。在外布的袋側片上縫合拉鍊、拉鍊襠片。肩背帶則按紙型固定在外袋身片 / 後片的上方，再分別將裡布、外布的兩片袋側片和一片袋底片、兩片袋身片，縫合成兩個袋型。

6. 組合裡、外袋：參照 p.31，以藏針縫從拉鍊處縫合裡、外袋，鉤上肩背帶（做法參照 p.29）即完成。

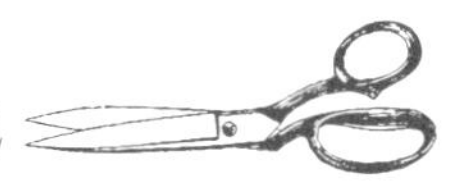

排版方式

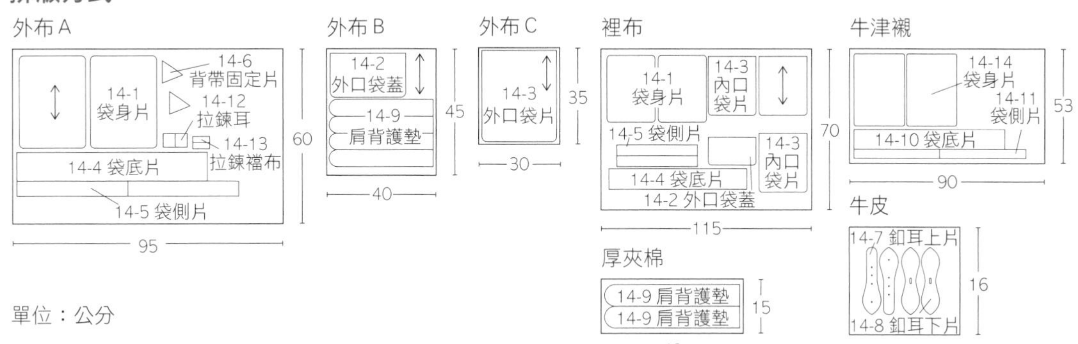

單位：公分

做法圖解

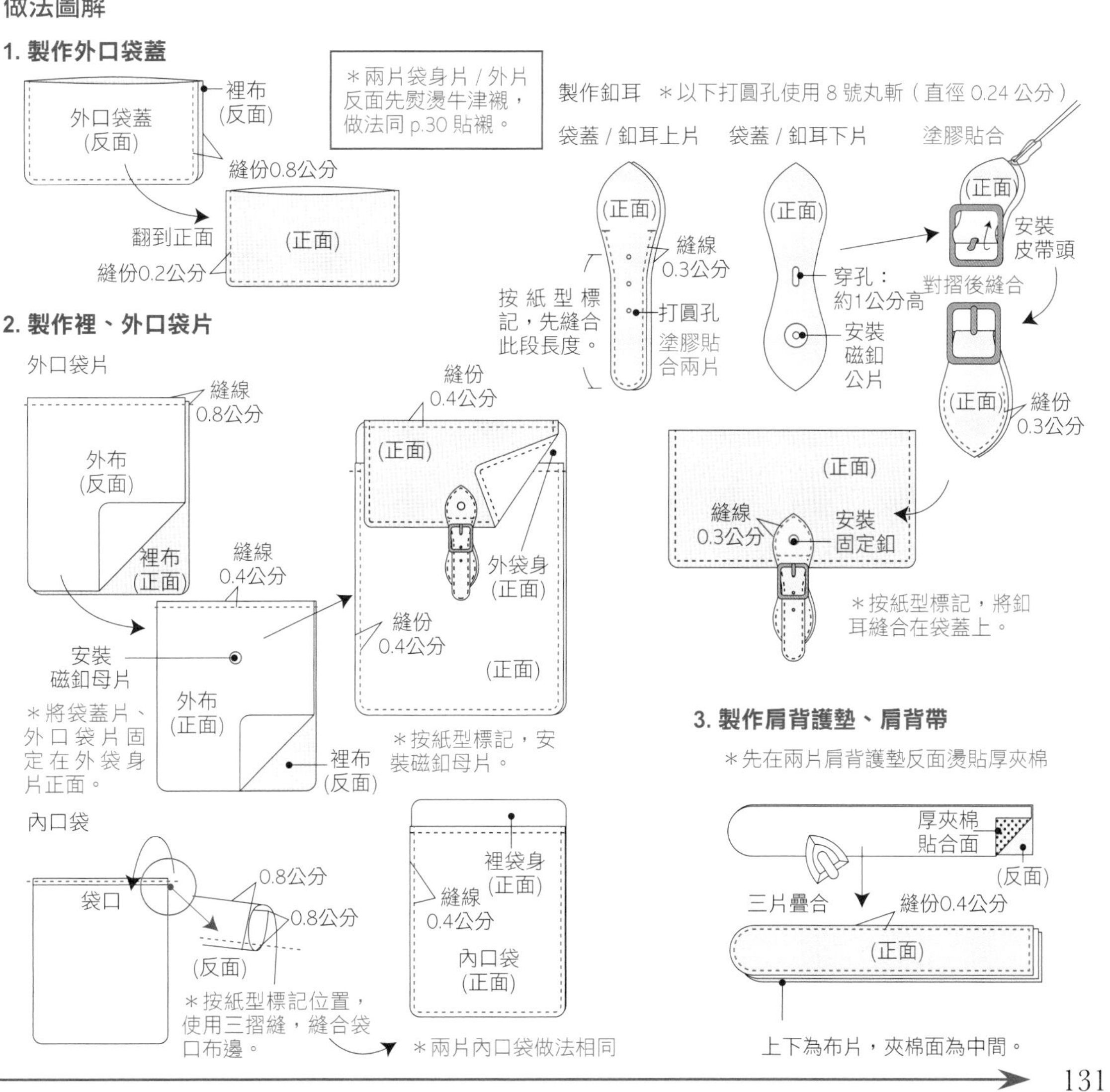

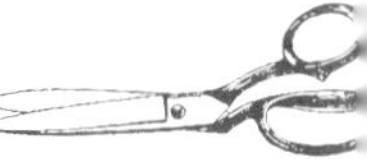

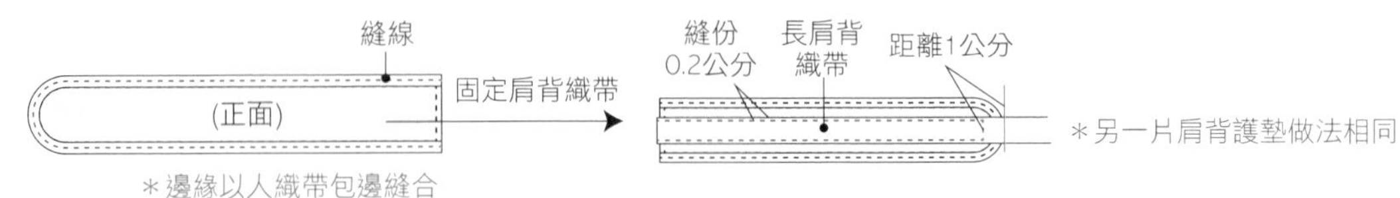

4. 製作手提織帶

5. 製作固定拉鍊耳、縫合袋身和肩背帶

6. 組合裡、外袋

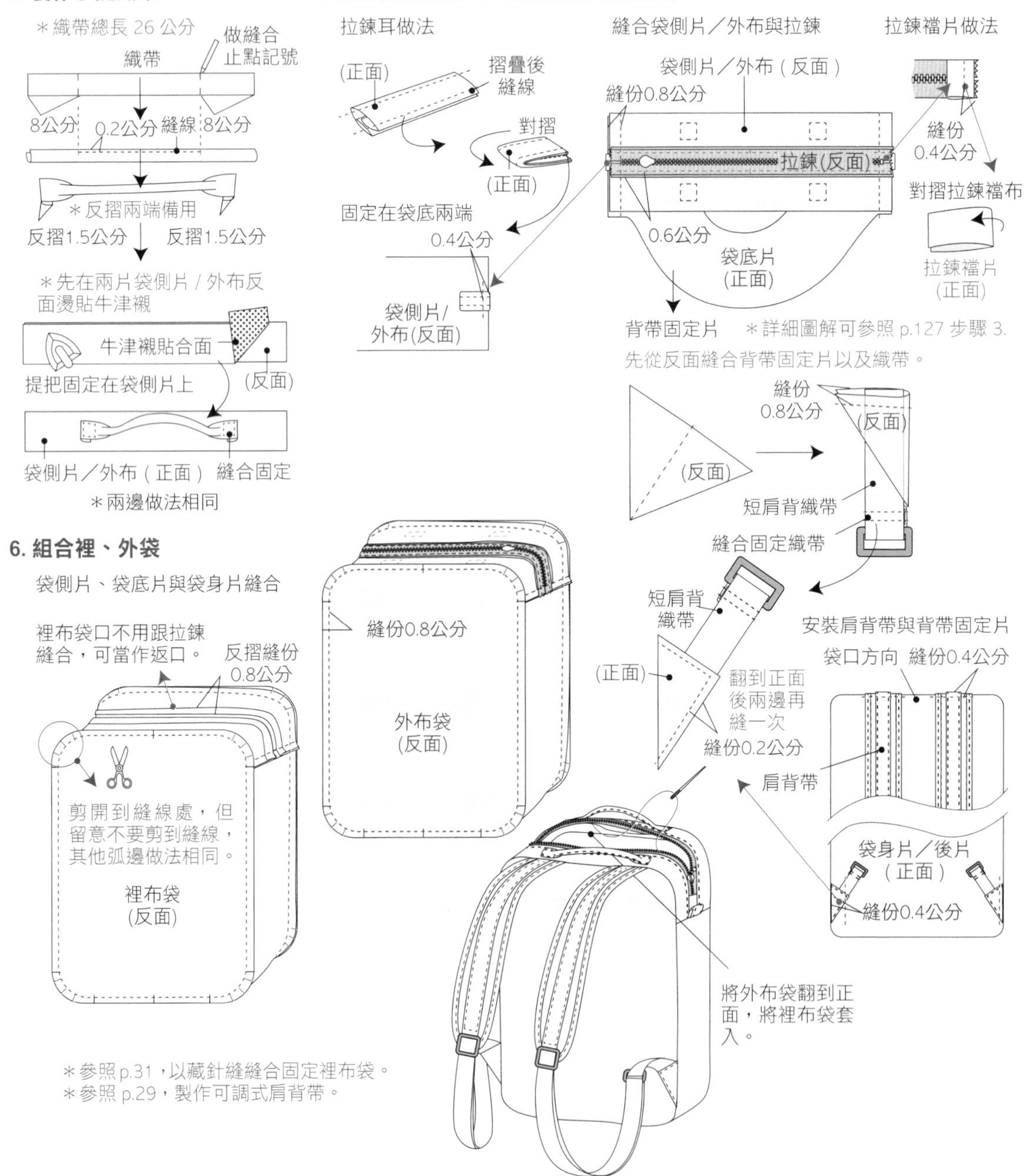

收納盤
Storage Box

紙型檔名 **no.28**

製作步驟

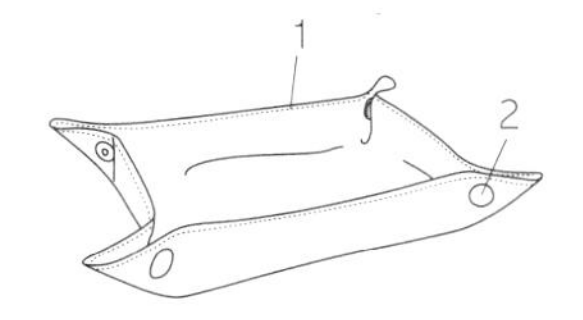

成品尺寸

整體＊寬 13 × 高 9 × 厚 2.5 公分

材料

外布＊寬 21 × 長 17 公分 1 片
裡布＊寬 21 × 長 17 公分 1 片
硬襯＊寬 19 × 長 15 公分 1 片
壓釦＊直徑 1 公分 4 組

做法

前製作業：裁剪所需的布片，按照紙型中標示的記號，以粉圖筆等在布料上做摺疊所需的記號，再參照以下步驟製作。

1. 縫合袋身：預先將硬襯燙貼在袋身片／外布的反面，再將裡、外袋身片正面相對，從反面縫合，從預留的返口翻到正面，再沿邊緣 0.2 公分處縫一圈。

2. 安裝壓釦：按照紙型標記，參照 p.26，將四組壓釦分別安裝在四個角落即完成。

排版方式

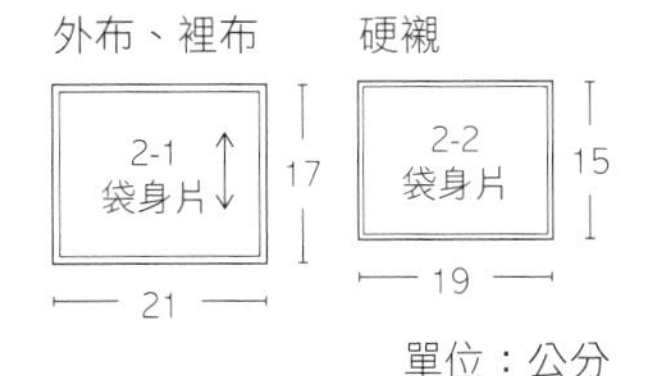

單位：公分

做法圖解

1. 縫合袋身

袋身片

＊先在袋身片／外布反面燙貼硬襯

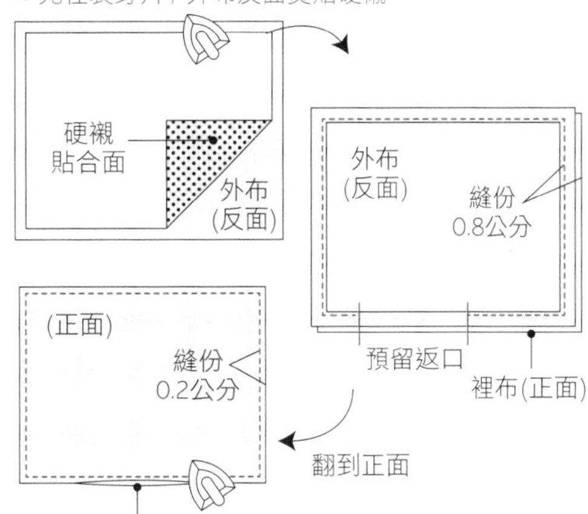

將返口整理好後，再一起縫合固定。

2. 安裝壓釦

按紙型標記，安裝壓釦。

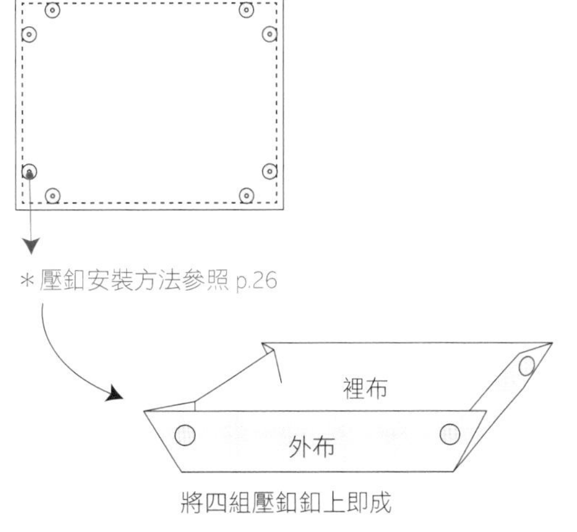

將四組壓釦釦上即成

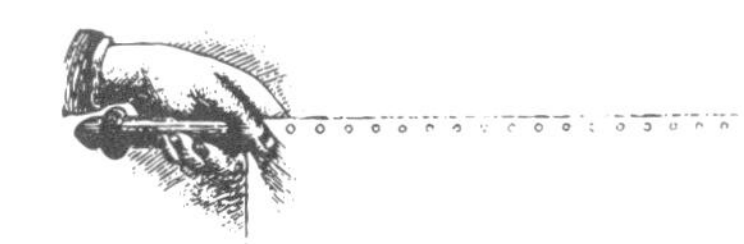

圓底布筆筒
Round Pen Box

紙型檔名 **no.29**

製作步驟

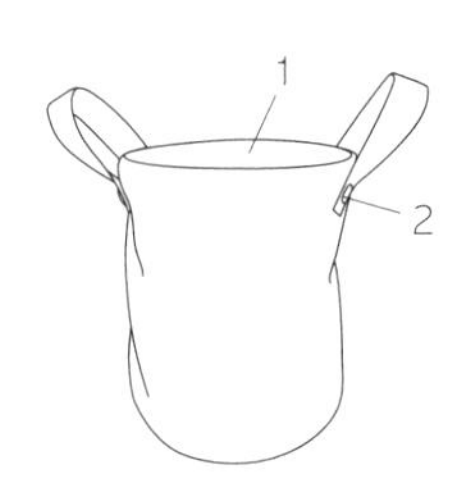

成品尺寸

整體＊寬 10 × 高 12.5 × 厚 10 公分

提把＊總長 10 公分

材料

外布＊寬 47 × 長 16 公分 1 片

裡布＊寬 47 × 長 16 公分 1 片

皮革＊寬 14 × 長 3 × 厚 0.15 公分 1 片

魚骨（塑形條）＊寬 0.5 × 長 34 公分 1 條

固定釦＊直徑 0.8 公分 4 組

做法

前製作業：裁剪所需的布片，按照紙型中標示的記號，以粉圖筆等在布料上做摺疊所需的記號，再參照以下步驟製作。

1. 縫合袋身：分別將裡、外袋身片、袋底片各自縫合成袋，裡布袋需預留返口，再從袋口處對齊互套，縫合固定。魚骨縫合固定在袋口 0.8 公分縫份上，然後翻到正面，參照 p.31，以藏針縫縫合裡袋返口。

2. 安裝皮革提把：按照紙型標記，參照 p.27，使用固定釦固定皮革提把即完成。

排版方式

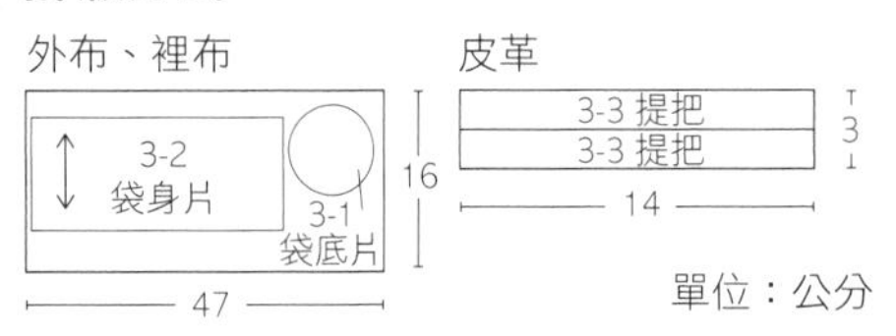

單位：公分

做法圖解

1. 縫合袋身

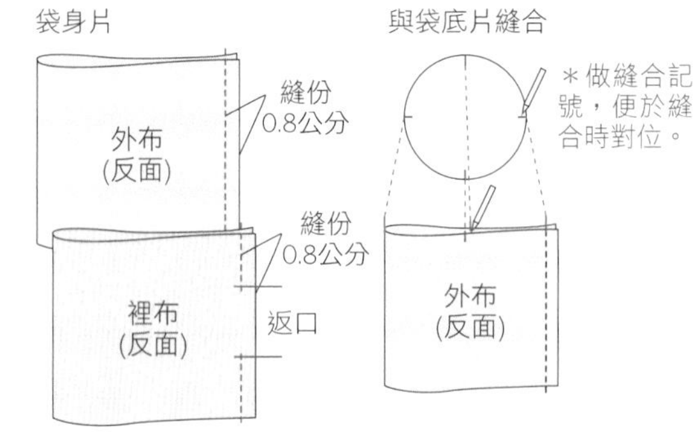

＊在裡布袋側預留返口　＊裡布袋做法相同

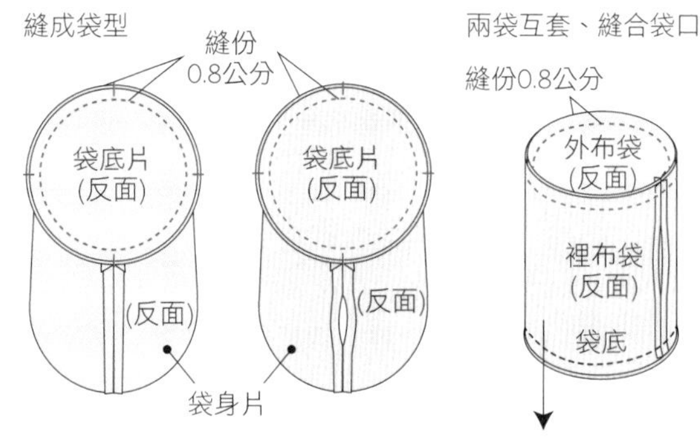

2. 安裝皮革提把

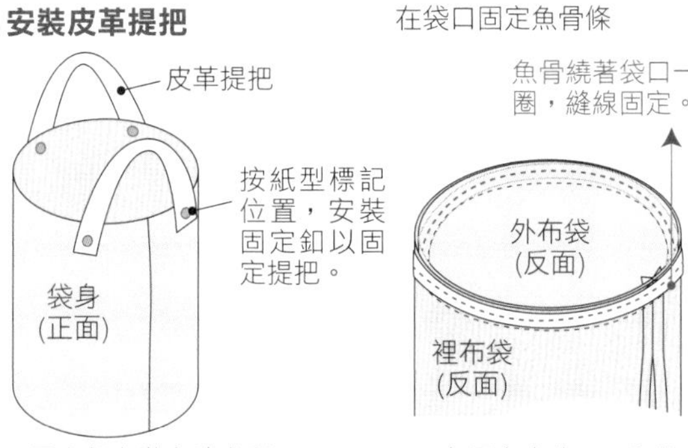

＊固定釦安裝方法參照 p.27　＊魚骨寬度約 0.5 公分

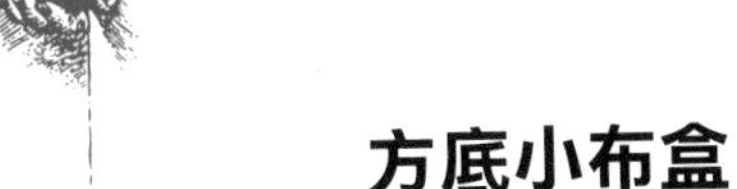

方底小布盒
Canvas Square Box

紙型檔名 **no.30**

成品尺寸

整體＊寬 9.5 × 高 9 × 厚 10 公分

材料

外布＊寬 35 × 長 23 公分 1 片
裡布＊寬 32 × 長 22 公分 1 片

做法

前製作業：裁剪所需的布片，按照紙型中標示的記號，以粉圖筆等在布料上做摺疊所需的記號，再參照以下步驟製作。

1. 縫合袋身：分別將裡、外袋身片、袋底片各自縫合成袋。
2. 袋身成型：將外袋翻到正面朝外，裡袋正面朝內，兩袋反面相對、互套，將袋口反摺縫合即完成。

製作步驟

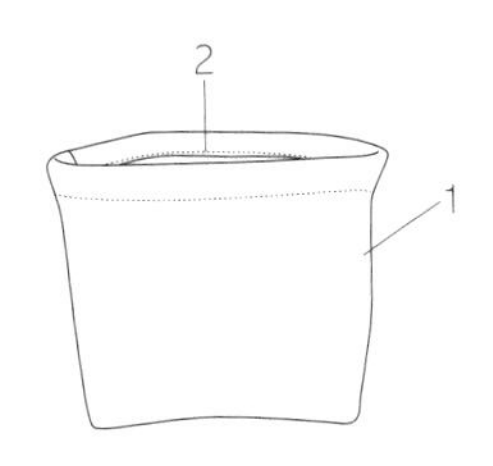

排版方式

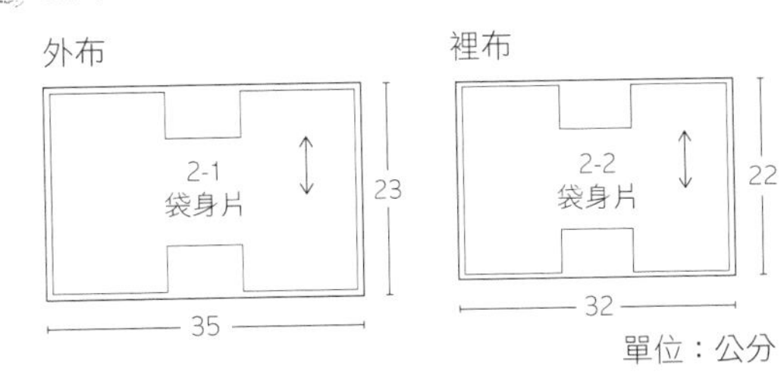

做法圖解

1. 縫合袋身

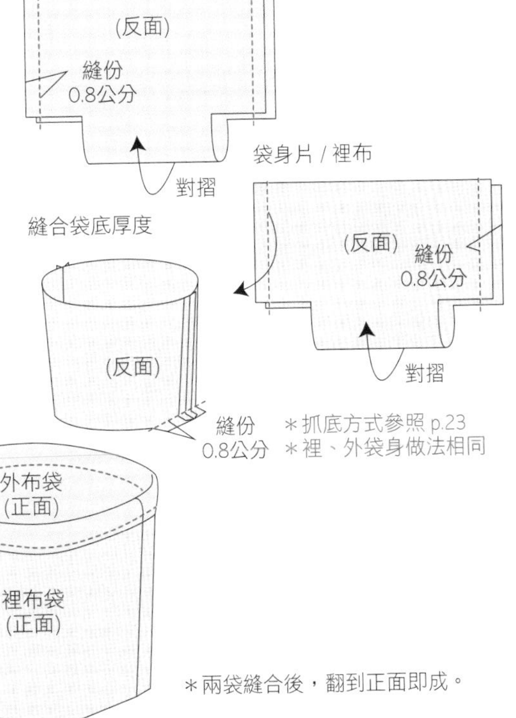

2. 袋身成型

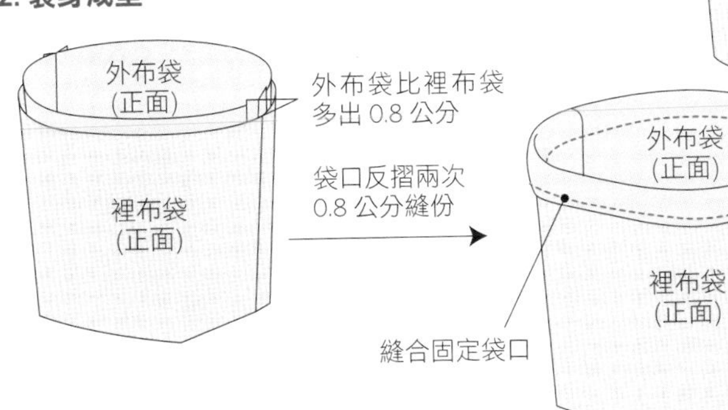

＊兩袋縫合後，翻到正面即成。

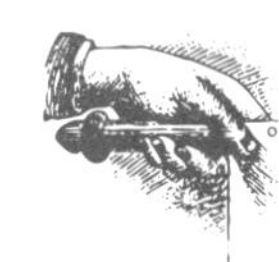

壁掛袋

Wall Storage Pocket

紙型檔名 **no.31**

成品尺寸

整體＊寬 35.5 × 高 42 公分

掛繩＊總長 50 公分、掛耳＊直徑 9 公分

材料

外布 A ＊寬 40 × 長 45 公分 1 片

外布 B ＊寬 60 × 長 15 公分 1 片

外布 C ＊寬 62 × 長 18 公分 1 片

裡布＊寬 50 × 長 45 公分 1 片

木棒＊直徑粗 2.5× 長 40 公分 1 支

棉繩＊粗 1.5× 長 70 公分 1 條

包邊用人織帶（上口袋）＊寬 1× 長 55 公分 1 條

包邊用人織帶（下口袋）＊寬 1× 長 50 公分 1 條

排版方式

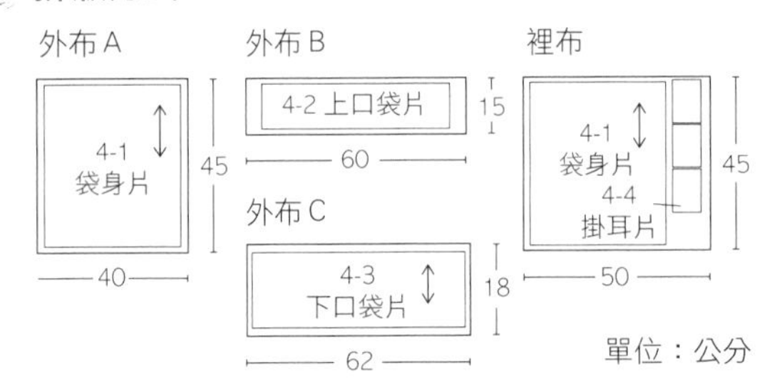

3. 縫合袋身

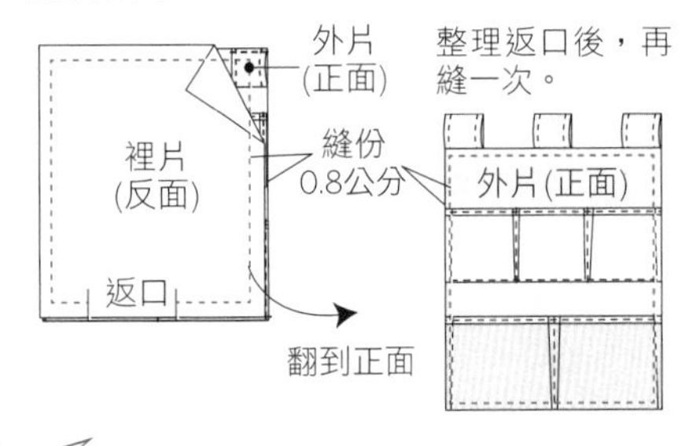

製作步驟

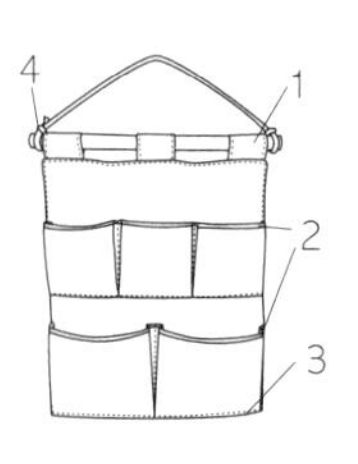

做法

前製作業：裁剪所需的布片，按照紙型中標示的記號
以粉圖筆等在布料上做摺疊所需的記號，再參照以下
驟製作。

1. 製作掛耳：將三片掛耳布片分別反摺兩長邊縫份 0
公分後縫合固定，再固定在袋身片上方。

2. 袋口包邊處理：參照 p.20，將上、下口袋片袋口位
用人織帶包邊縫合，並依照紙型位置標示，將口袋固
在袋身片 / 外布正面。

3. 縫合袋身：將已經固定好口袋、掛耳的袋身片 / 外
和裡布，正面相對，由反面縫合，從預留的返口翻到
面，整理返口縫份，再沿布邊 0.4 公分縫合一圈。

4. 安裝木棒和棉繩：裝上木棒，綁上棉繩即完成。

做法圖解

1. 製作掛耳

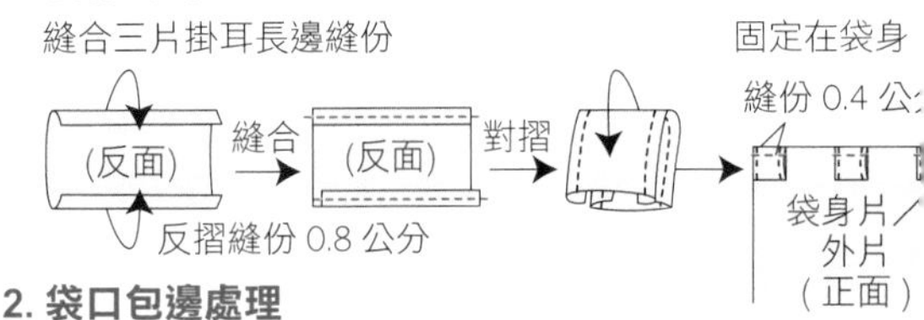

2. 袋口包邊處理

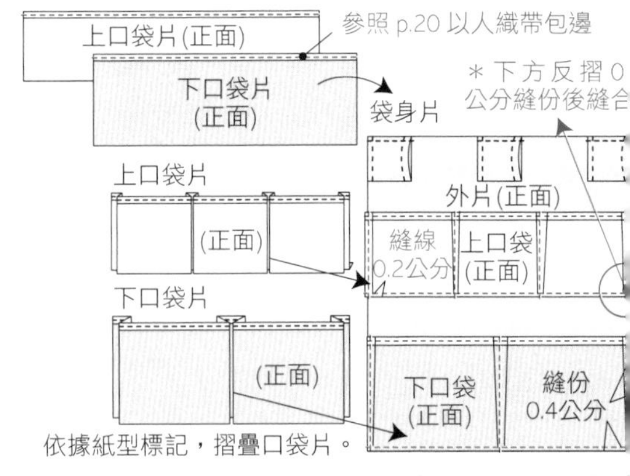

壁掛面紙包

Wall Tissue Box

紙型檔名 **no.32**

成品尺寸

整體＊寬 12 × 高 29.5 × 厚 10 公分

掛繩＊總長 30 公分

材料

外布、裡布＊寬 50 × 長 50 公分 1 片

裁縫用 PP 板（薄）＊寬 1.6× 長 11.6 公分 1 片

雞眼＊直徑 1.8 公分 2 組

棉繩＊粗 1× 長 55 公分 1 條

排版方式

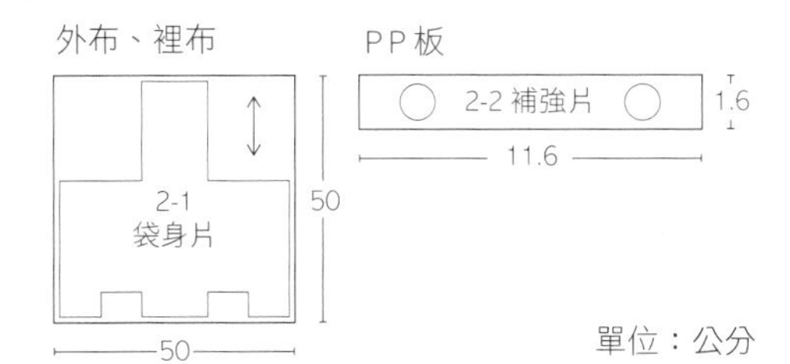

單位：公分

做法圖解

1. 縫合裡、外袋

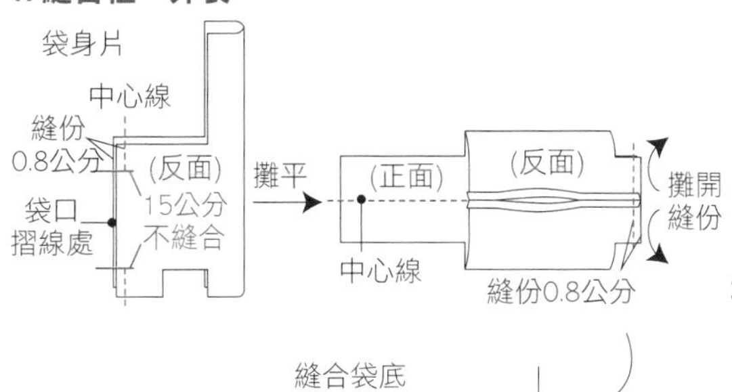

製作步驟

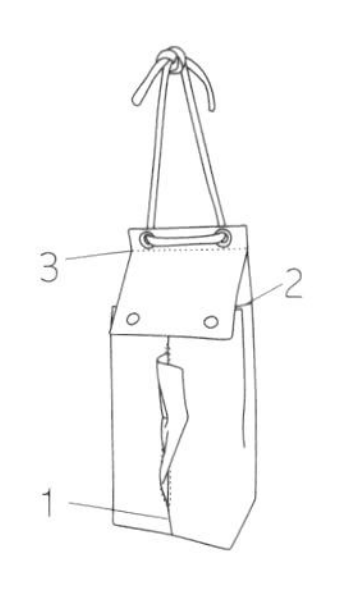

做法

前製作業：裁剪所需的布片，按照紙型中標示的記號，以粉圖筆等在布料上做摺疊所需的記號，再參照以下步驟製作。

1. 縫合裡、外袋：分別將裡、外袋身片各自縫成袋型，按照紙型標記，「袋口摺線」處不縫合。

2. 組合裡、外袋：將外袋正面朝內，裡袋正面朝外，互相套疊，縫合袋口固定，從袋口摺線處翻到正面，整理縫份，將裡、外片對齊後縫合「袋口摺線處」。

3. 安裝 PP板、壓釦、棉繩：袋蓋上方雞眼安裝處，先依照紙型縫一條隔線，再放入已經穿孔的 PP 板，然後參照 p.27 安裝雞眼。依照紙型標記位置，參照 p.26 安裝壓釦，綁上棉繩即完成。

2. 組合裡、外袋

兩袋正面相對、互相疊套

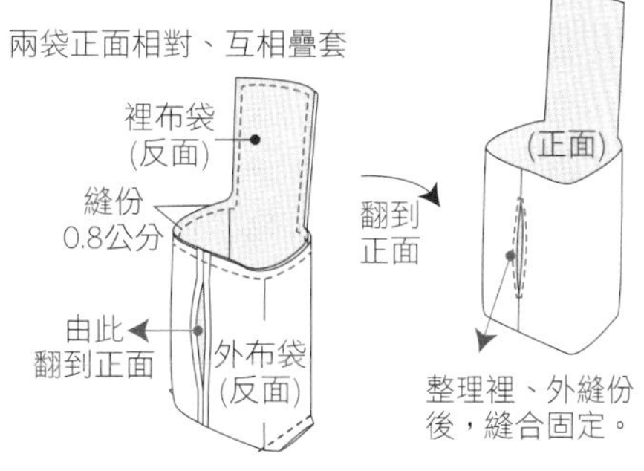

3. 安裝 PP板、壓釦、棉繩

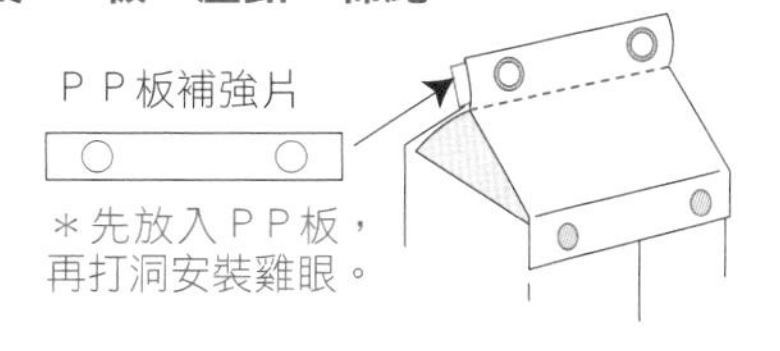

工作圍裙

Denim Work Apron

紙型檔名 **no.33**

成品尺寸

整體＊身長 81 × 裙寬 88 公分

材料

布料＊寬 100 × 長 95 公分 1 片

皮革＊寬 5 × 長 30.5 公分 1 片

壓釦＊直徑 1.5 公分 2 組

雞眼＊直徑 1.7 公分 4 組

做法

前製作業：裁剪所需的布片，按照紙型中標示的記號，以粉圖筆等在布料上做摺疊所需的記號，再參照以下步驟製作。

1. 縫合上片布邊：上片三邊反摺兩次 0.8 公分縫份，縫合固定，並按照紙型位置標記，安裝壓釦公片。

2. 接合上、下片、製作口袋和安裝雞眼：兩面正面相對，以 0.8 公分縫份縫合一次，再從下襬處反摺兩次 0.8 公分縫份縫合，再將下襬布邊反摺一次 0.8 公分縫份，再摺 2 公分縫合。口袋袋口反摺兩次 0.8 公分縫合，其餘三邊反摺 0.8 公分後，對齊紙型標記縫合固定，並按照紙型標示安裝雞眼。

3. 縫合綁繩、安裝肩帶和雞眼：綁繩左右長邊向內反摺兩次後縫合，皮革肩帶兩端分別安裝雞眼、壓釦母片，將皮革肩帶分別扣在上片母片位置。綁繩一端綁在皮革肩帶，一端穿過安裝在下片的雞眼後即完成。

製作步驟

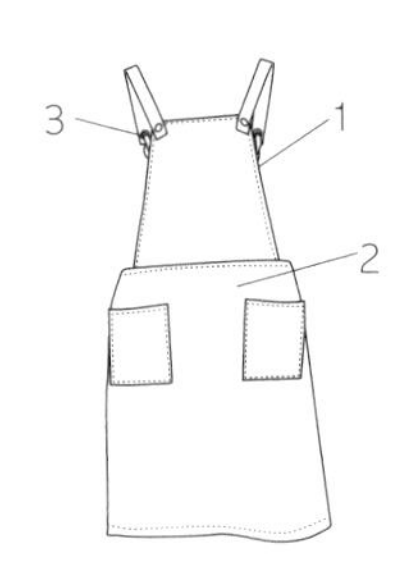

排版方式

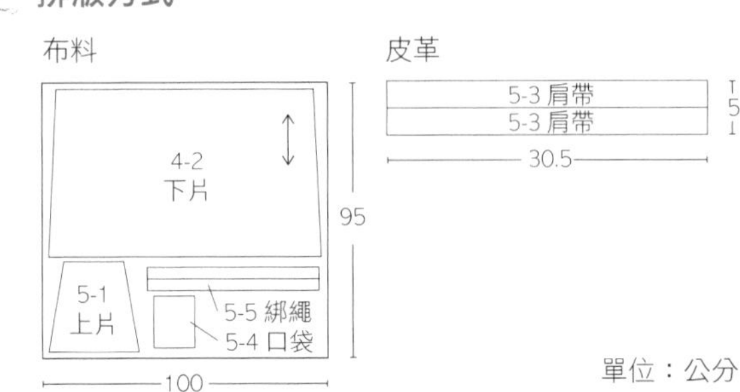

做法圖解

1. 縫合上片布邊

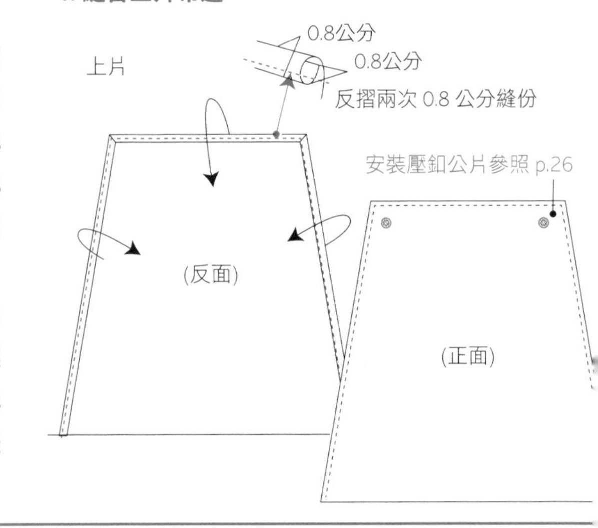

2. 接合上、下片、製作口袋、安裝雞眼

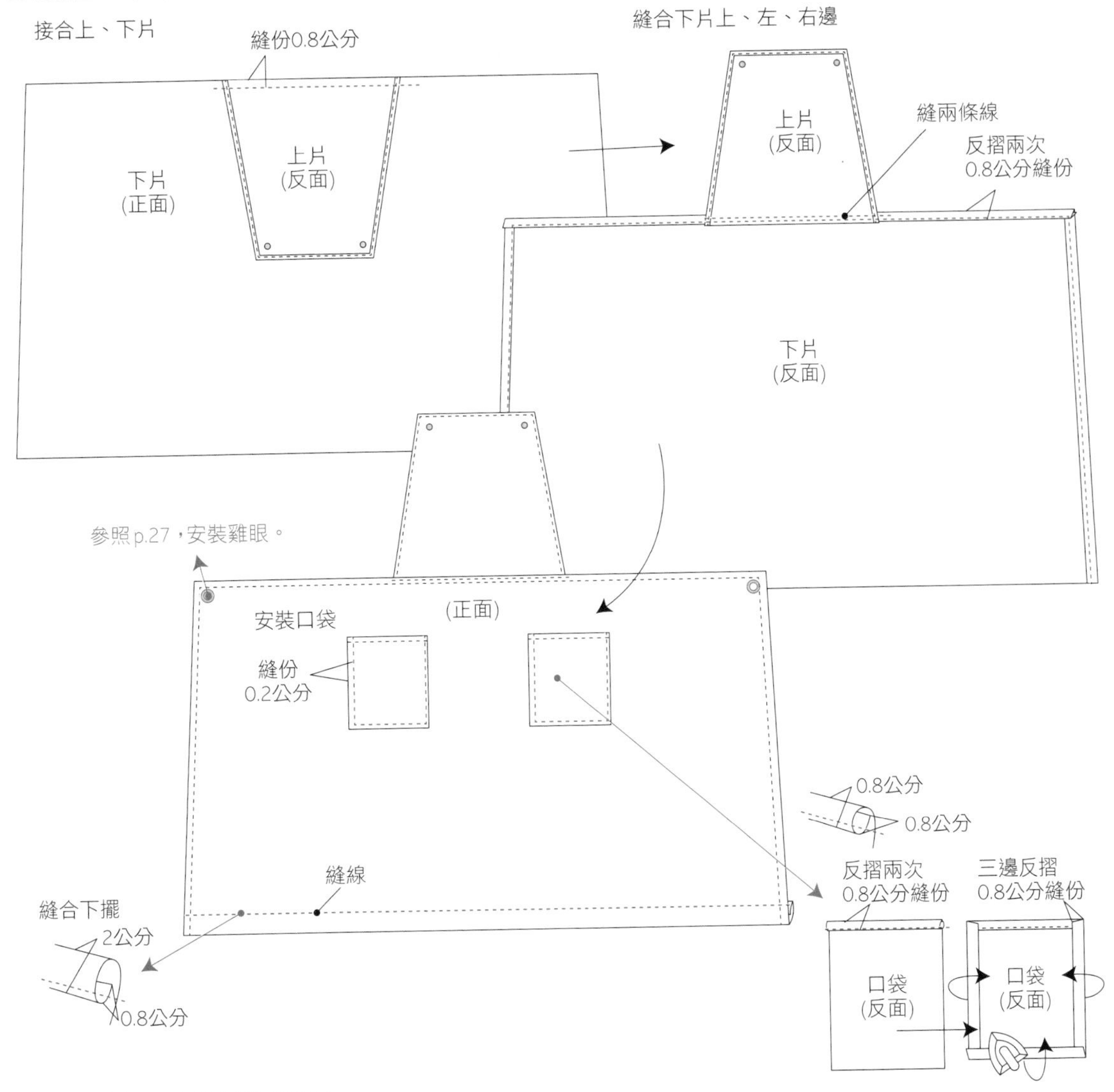

3. 縫合綁繩、安裝肩帶和雞眼

縫合綁繩

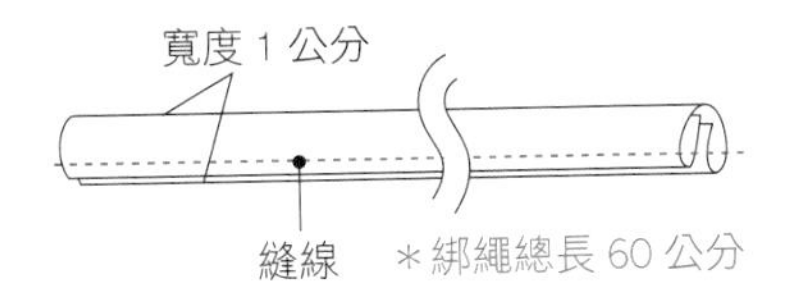

皮革肩背帶

在肩帶上安裝壓釦母片、雞眼

接袋身

接綁繩

參照 p.26，安裝壓釦母片。

參照p.27，安裝雞眼。

鴨舌帽

Denim Peaked Cap

紙型檔名 **no.34**

成品尺寸

頭圍＊52～56 公分

★適合 M 號尺寸

材料

外布＊寬 55 × 長 50 公分 1 片

裡布＊寬 55 × 長 50 公分 1 片

硬襯＊寬 22 × 長 13 公分 1 片

做法

前製作業：裁剪所需的布片，按照紙型中標示的記號，以粉圖筆等在布料上做摺疊所需的記號，再參照以下步驟製作。

1. 縫合帽頂、帽側片：先將帽頂片的「後褶子」縫合，再對應紙型的星形（★）標記，縫合帽頂、帽側片，裡、外布做法相同。

2. 縫合帽簷片：將硬襯熨貼在其中一片外布反面，兩片帽簷片正面相對，從反面縫合後固定在帽側有三角形（▲）記號的位置，縫份 0.4 公分。

3. 縫合裡、外帽身：外帽身正面朝外，裡帽身正面朝內，互相套疊後縫合固定，從返口翻到正面，再沿布邊 0.2 公分縫合一圈即完成。

製作步驟

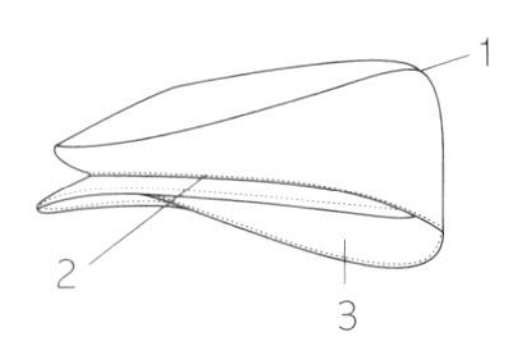

排版方式

外布、裡布

4-1
帽側片
4-2
帽頂片
4-3
帽簷片
50
55

硬襯

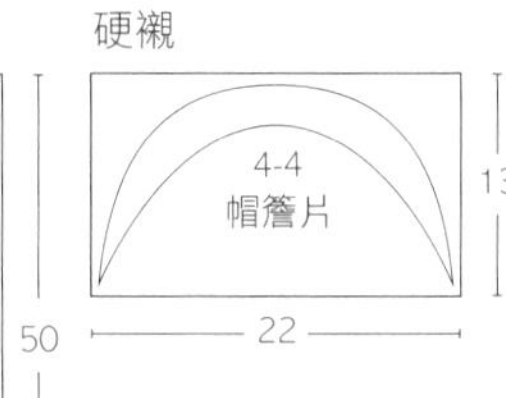

單位：公分

做法圖解

1. 縫合帽頂、帽側片

縫合帽頂片「後褶子」

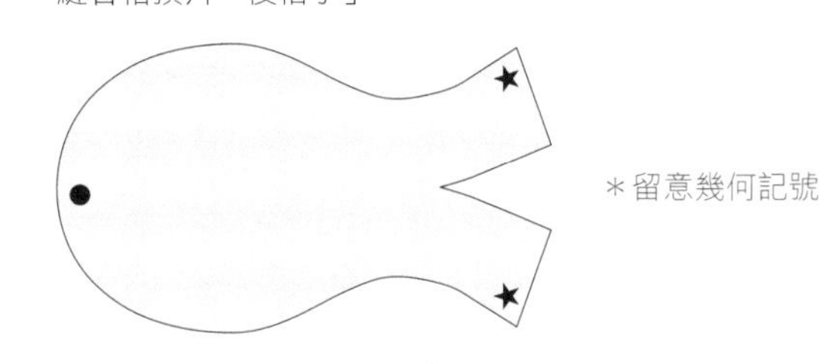

＊留意幾何記號

從反面縫合褶子

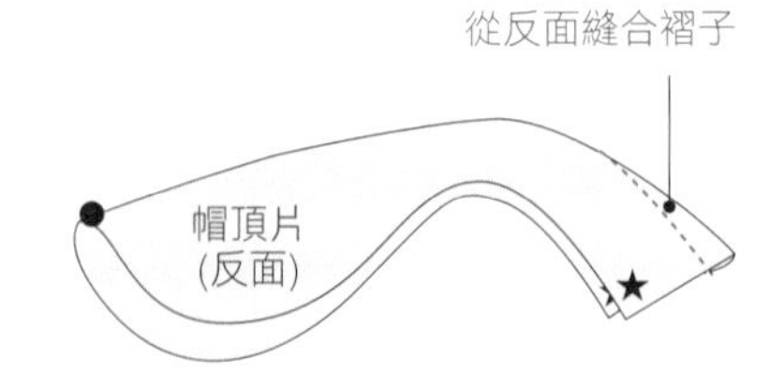

＊裡、外布片做法相同

2. 縫合帽簷片

縫合帽頂片與帽側片

對應紙型★形記號

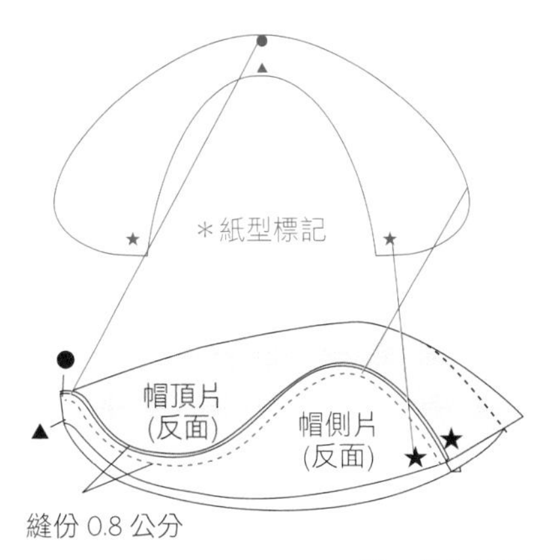

＊裡、外布片做法相同

帽簷片貼硬襯

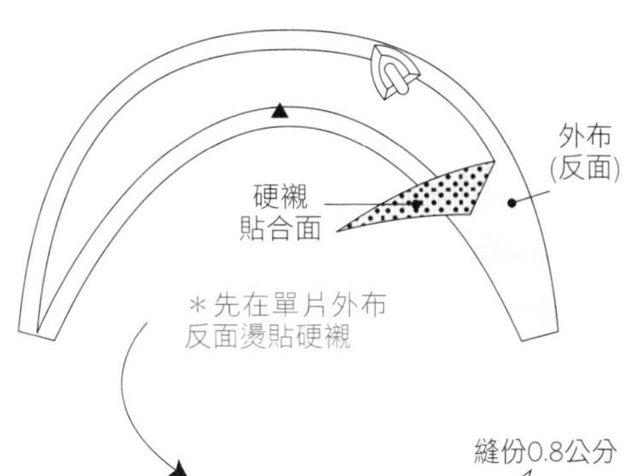

縫份0.8公分

(反面)

(正面)

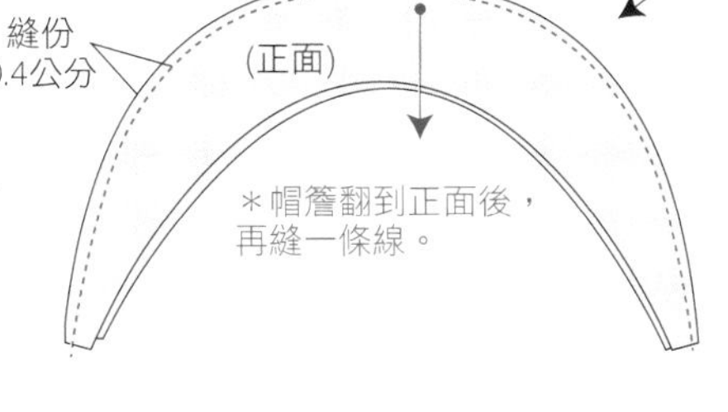

帽簷與外帽身縫合

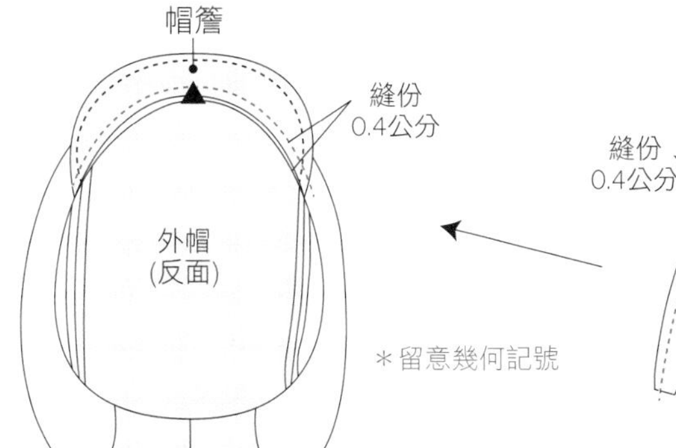

3. 縫合裡、外帽身

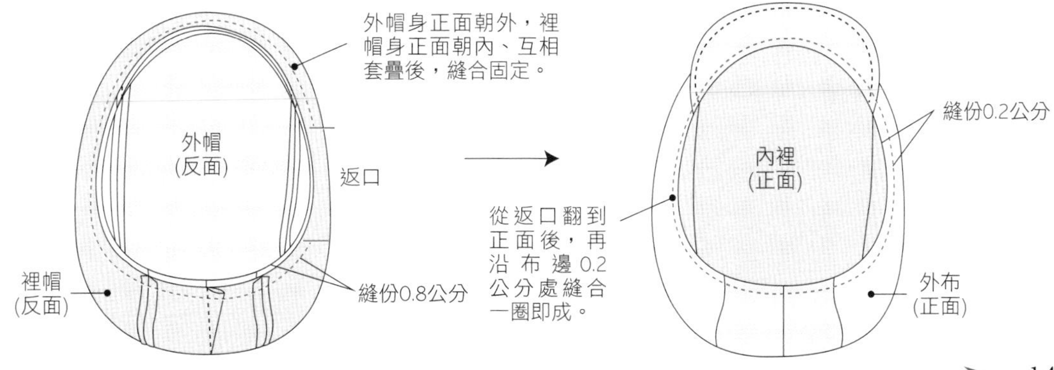

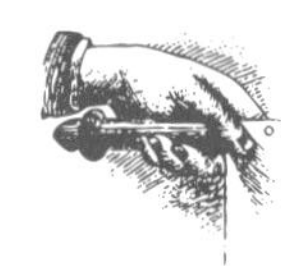

漁夫帽

Denim Bucket Hat

紙型檔名 **no.35**

成品尺寸

頭圍＊ 52 ～ 56 公分

★適合 M 號尺寸

材料

外布＊寬 70 × 長 40 公分 1 片

裡布＊寬 70 × 長 40 公分 1 片

做法

前製作業：裁剪所需的布片，按照紙型中標示的記號，以粉圖筆等在布料上做摺疊所需的記號，再參照以下步驟製作。

1. 縫合帽頂、帽側片：先將兩片袋側片正面相對，縫合脇邊，再與帽頂片縫合。裡、外布做法相同。

2. 縫合帽簷片：將兩片帽簷片正面相對，縫合兩脇邊，與帽側片下緣縫合。裡、外布做法相同。

3. 縫合裡、外帽身：外帽身正面朝外，裡帽身正面朝內，互相套疊後縫合固定，預留返口，翻到正面，再沿布邊 0.2 公分縫合一圈即完成。

製作步驟

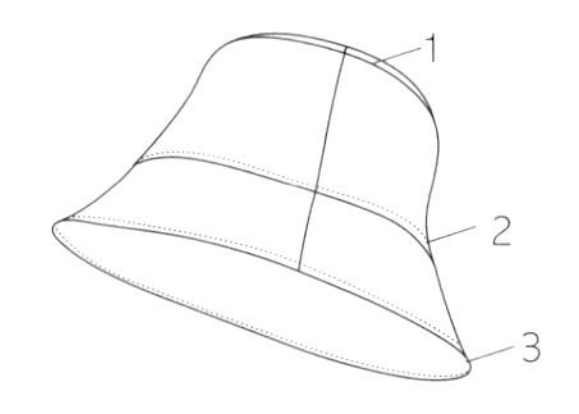

排版方式

外布、裡布

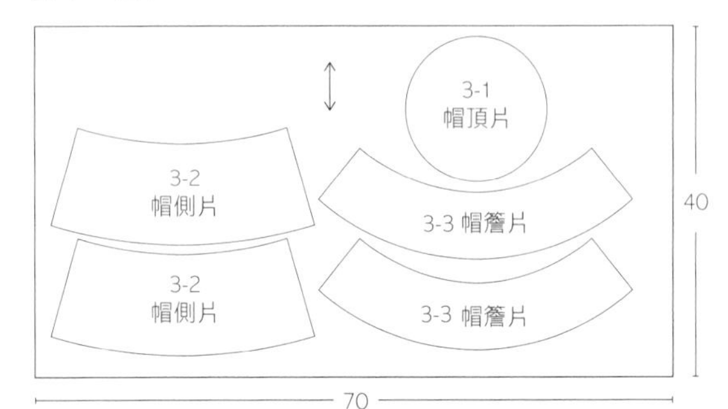

單位：公分

做法圖解

1. 縫合帽頂、帽側片

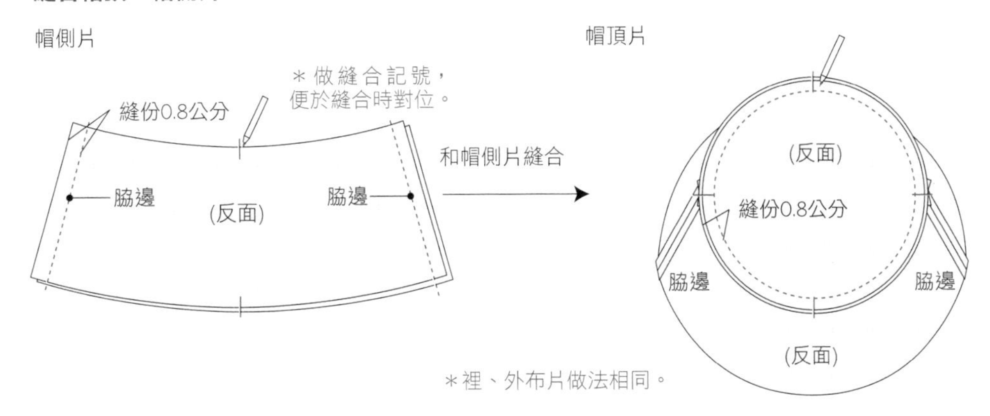

＊裡、外布片做法相同。

2. 縫合帽簷片

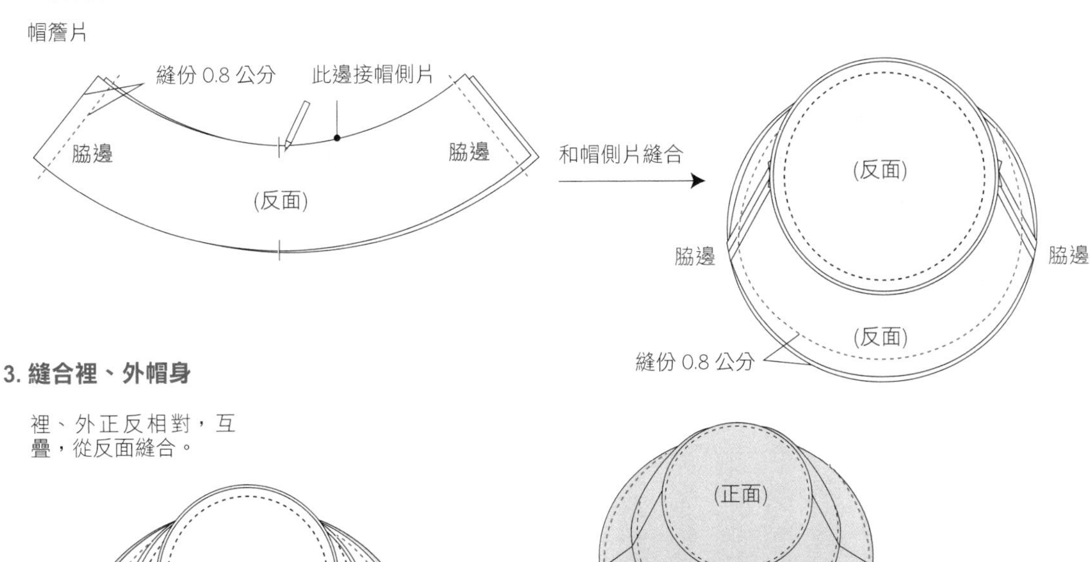

3. 縫合裡、外帽身

裡、外正反相對，互
疊，從反面縫合。

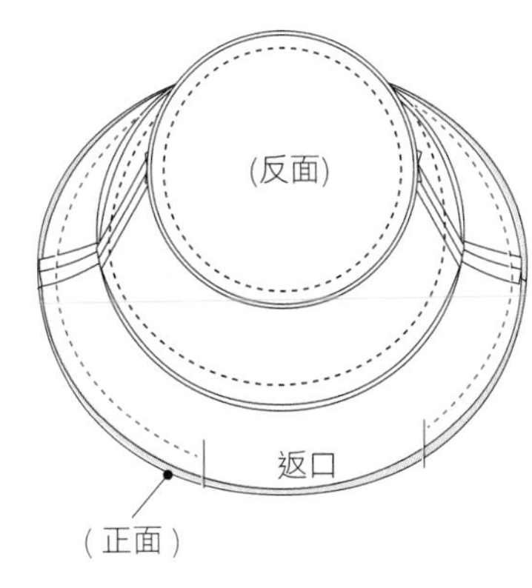

(正面)
翻到正面再縫
一條線固定
縫份0.2公分

(正面)
翻到正面再縫
一條線固定
縫份 0.2 公分

＊裡、外布片做法相同

詞彙解釋 Glossary

以下整理本書常見與相關的專有名詞資訊，幫助你瞭解這些名詞，成為縫紉達人。

紙型	又稱作版型，所有的布作品如：包包、服裝、帽子等，通常製作程序上都需要事先繪製紙型，再依紙型將所需用布剪裁好使用。
外布、裡布	外布又稱作「外片」、「本片」、「表布」，所有布作品最外部示人的主要布料都以此稱。反之稱為裡布或稱「裡片」。
布料排版	又稱作「拼版」，指將已經繪製好、剪好的紙型，依需要排放在用布上的動作。本書中任何一件包包作品紙型檔案中，都附有布料排版圖，可幫助剛入門的手作族在剪裁布片的時候，不浪費且剪裁布紋方向正確。
布紋方向	任何布料都有織線的經緯方向之分，依照布的經緯，布紋會有方向性。本書紙型上常見的布紋標記是直布紋和斜布紋。包包的布邊，常以斜布紋方向剪裁的斜紋布條修飾布邊。 直布紋圖示　斜布紋圖示
布的常見幅寬	購買布料的時候，要瞭解布料的出廠固定寬度，並且對應本書作品材料中，布料的使用量，本書大部分的作品都使用幅寬約 110 ～ 120 公分（3 尺 8 寬）的布料。台灣布行常見的尺寸有三種：3 尺寬（約 90 ～ 92 公分）、3 尺 8 寬（約 110 ～ 120 公分）、5 尺寬（約 145 ～ 155 公分）。
雙記號	在紙型上，常常會看到「雙」，指的是對稱的紙型，只需繪製 1/2 的版型。標示「雙」的那邊就是攤開紙型的中心線，因此在使用本書紙型裁剪布片的時候，記得預先將布料對摺，再覆蓋紙型，將標示「雙」的那邊對齊布的對摺線，即可開始裁剪需要的布片。
芽口記號	是指用剪刀在紙型或布邊緣所剪下的小三角記號，不要剪得過大，最好小於所留的縫份，有利於縫合過程的對齊與位置標記。芽口記號和弧形邊緣的縫份芽口略有不同，前者的作用在於記號對齊，後者是縫合有弧度的布片，為了成品邊緣平順，在縫合後的布邊剪出等距芽口，幫助成品的外形更加美觀。
返口	又稱反轉口，當布作品完成後從裡面翻到正面的翻面出口，製作有內裡的包包都必須預留返口在裡布袋，有利於縫合後將作品從反面翻到正面。
貼布、貼布繡	將有特定造型的布片固定在布的正面上，即貼布。以手縫或者縫紉機相關的貼布縫合功能將布片縫合，這動作就叫貼布繡。
三摺縫	一種將布邊縫合、收邊的摺布方式，並不是摺三次所以稱三摺，而是因為摺過兩次的布片縫合固定後，共三層之意。

光碟目錄索引 File Index

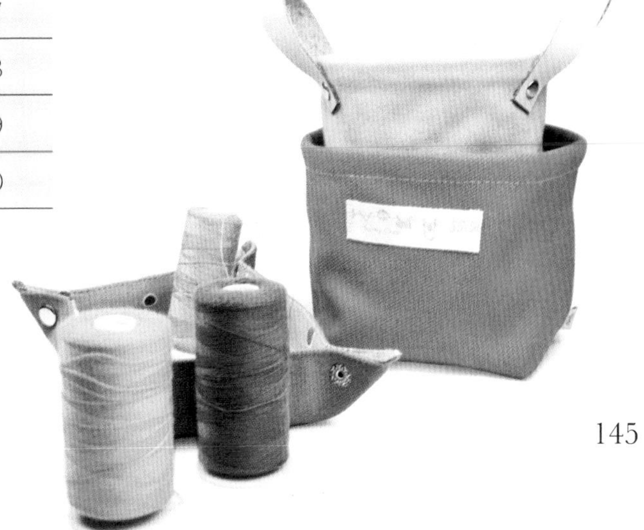

材料哪裡買？ Where To Get the Materials?

北部地區		
佑謚布行	台北市迪化街一段 21 號 2 樓 2034 室（永樂市場 2 樓）	（02）2556-6933
華興布行	台北市迪化街一段 21 號 2 樓 2018 室（永樂市場 2 樓）	（02）2559-3960
傑威布行	台北市迪化街一段 21 號 2 樓 2043、2046 室（永樂市場 2 樓）	（02）2550-3220
勝泰布行	台北市迪化街一段 21 號 2 樓 2055 室（永樂市場 2 樓）	（02）2558-4424
介良裡布行	台北市民樂街 11 號	（02）2558-0718
中一布行	台北市民樂街 9 號	（02）2558-2839
台灣喜佳台北生活館	台北市中山北路一段 79 號	（02）2523-3440
台灣喜佳士林生活館	台北市文林路 511 號 1 樓	（02）2834-9808
韋億興業有限公司	台北市延平北路二段 60 巷 19 號	（02）2558-7887
大楓城飾品材料行	台北市延平北路二段 60 巷 11 號	（02）2555-3298
小熊媽媽	台北市延平北路一段 51 號	（02）2550-8899
協和工藝材料行	台北市天水路 51 巷 18 號 1 樓	（02）2555-9680
溪水協釦工藝社	台北市長安西路 278 號	（02）2558-3957
昇煇金屬（銅鍊飾品）	台北市重慶北路二段 46 巷 3-2 號	（02）2556-4959
振南皮飾五金有限公司	台北市重慶北路二段 46 巷 5-2 號	（02）2556-0286
東美開發飾品材料	台北市長安西路 235 號 1 樓	（02）2558-8437
正典布行	新北市三重區碧華街 1 號	（02）2981-2324
東昇布行	北市三重區碧華街 54-1 號	（02）2857-6958
新昇布行	新北市三重區五華街 65 號	（02）2981-7370
印地安皮革創意工廠	新北市三重區中興北街 136 巷 28 號 3 樓	（02）2999-1516
鑫韋布莊中壢店	桃園縣中壢市中正路 211 號	（03）426-2885
台灣喜佳桃園生活館	桃園市中山路 139 號	（03）337-9570
台灣喜佳中壢生活館	桃園縣中壢市新生路 207 號 1 樓	（03）425-9048
新韋布莊新竹店	新竹市中山路 111 號	（03）522-2968
三色堇拼布坊	竹市光復路二段 539 號 5 樓 -2	（03）561-1245
布坊拼布教室	新竹市勝利路 149 號	（03）525-8183
中部地區		
鑫韋布莊	台中市綠川東街 70 號	（04）2226-2776
薇琪拼布	台中市興安路二段 453 號	（04）2243-5768
吳響峻布莊	台中市繼光街 77 號	（04）2224-2253
巧藝社	台中市繼光街 143 號	（04）2225-3093
大同布行	台中市成功路 140 號	（04）2225-6534
小熊媽媽	台中市中正路 190 號	（04）2225-9977
中美布莊	台中市中正路 393 號	（04）2224-4325

德昌手藝館	台中市復興路四段 108 號	(04) 2225-0011
六碼手藝社	彰化市長壽街 196 號	(04) 2726-9161
新日和布行	彰化市中正路二段 108 號	(04) 724-4696
彰隆布行	彰化市陳稜路 250 號	(04) 723-3688
布工坊	南投市三和一路 24 號	(049) 220-1555
和成布莊	南投縣草屯鎮和平街 11 號	(049) 233-4598
丰配屋	雲林縣斗六市永安路 112 號	(05) 534-3206
南部地區		
鑫韋布莊台南店	台南市北安路一段 314 號	(06) 2813117
品鴻服飾材料行	台南市文南路 304 號	(06) 263-7317
千美手工藝材料行	台南市榮譽街 47 巷 1 號	(06) 223-2350
清秀佳人	台南市西門商場 22 號	(06) 2247-0314
福夫人布莊	台南市西門路二段 145-29 號	(06) 225-1441
江順成材料行	台南市西門商場 16 號	(06) 222-3553
吳響峻棉布專賣店	高雄市青年一路 203、232 號	(07) 251-8465
建新服裝材料、建新鈕釦	高雄市林森一路 156 號	(07) 281-1827
秀偉手工藝材料行	高雄市十全一路 369 號	(07) 322-7657
鑫韋布莊中山店	高雄市新興區中山一路 26 號	(07) 216-5833
鑫韋布莊鼎山店	高雄市三民區鼎山街 568 號	(07) 383-5901
憶麗手藝材料行	高雄市鳳山區五甲二路 529 巷 39 號	(07) 841-8989
英秀手藝行	高雄市五福三路 103 巷 16 號	(07) 241-2412
巧虹城雜物坊	高雄市文橫一路 15 號	(07) 251-6472
聯全鈕線行	高雄市嫩江街 109 巷 32 號	(07) 321-5171
鑫韋布莊屏東店	屏東市漢口街 1 號	(08) 732-0167
網路商店		
德昌網路手藝世界	http://www.diy-crafts.com.tw/	
小熊媽媽 DIY 購物網	https://www.bearmama.com.tw/	
喜佳縫紉網購中心	http://www.cheermall.com.tw/front/bin/home.phtml	
車樂美網購中心	http://janome.so-buy.com/front/bin/home.phtml	
巧匠 DIY 手工藝材料網	http://www.ecan.net.tw/demo/ezdiy/privacy.php	
羊毛氈手創館	http://www.feltmaking.com.tw/shop/	
印地安皮革創意工場	http://www.silverleather.com/	
花木棉拼布生活雜貨	http://www.hmmlife.com.tw/	
鑫韋布莊	http://www.sing-way.com.tw/index.php	
皮老闆皮革材料	https://goo.gl/WkwzwS	
玩 9 創意	http://www.0909.com.tw/	
幸福瓢蟲手作雜貨購物網	http://ladybug.shop2000.com.tw/	

達人親授，絕不 NG 款帆布包

托特包、後背包、手拿包
各種人氣款包袋&雜貨&帽子

國家圖書館出版品預行編目

達人親授，絕不 NG 款帆布包 - -
托特包、後背包、手拿包各種人氣款包袋&
雜貨&帽子

楊孟欣著 —初版—
台北市：朱雀文化，2017【民 106】
152 面；公分，—（Hands；051）
ISBN 978-986-94586-9-6（平裝）
1. 縫紉
423.3

作者　楊孟欣
美術　楊孟欣
編輯　彭文怡
校對　連玉瑩
企畫統籌　李橘
總編輯　莫少閒
出版者　朱雀文化事業有限公司
地址　台北市基隆路二段 13-1 號 3 樓
電話　02-2345-3868
傳真　02-2345-3828
劃撥帳號　19234566 朱雀文化事業有限公司
e-mail　redbook@ms26.hinet.net
網址　http://redbook.com.tw
總經銷　大和書報圖書股份有限公司（02）8990-2588
ISBN　978-986-94586-9-6
初版一刷　2017.08.

定價 380 元
初版登記 北市業字第 1403 號

About 買書

●朱雀文化圖書在北中南各書店及誠品、金石堂、何嘉仁等連鎖書店均有販售，如欲購買本公司圖書，建議你直接詢問書店店員。如果書店已售完，請撥本公司電話（02）2345-3868。

●●至朱雀文化網站購書（http://redbook.com.tw），可享 85 折起優惠。

●●●至郵局劃撥（戶名：朱雀文化事業有限公司，帳號 19234566），掛號寄書不加郵資，4 本以下無折扣，5～9 本 95 折，10 本以上 9 折優惠。